计算机软件系统演化历史恢复及应用研究

钟林辉　徐　静　叶海涛　著

哈爾濱工業大學出版社

内容简介

如何对软件演化进行管理、理解和分析是软件工程中重要的问题。本书以构件化软件为研究对象，提出了软件演化二叉树的概念，并利用软件体系结构逆向技术恢复开源软件系统的构件和软件体系结构，基于原子构件的个数、体系结构的大小等五维属性构建开源软件系统的演化历史。同时，本书对软件演化的趋势和演化风格也做了一定的研究。

本书适用于计算机领域的硕士研究生，以及计算机科学与技术和软件工程方向的研究者。

图书在版编目(CIP)数据

计算机软件系统演化历史恢复及应用研究/钟林辉，徐静，叶海涛著.—哈尔滨:哈尔滨工业大学出版社，2021.11(2024.6重印)

ISBN 978-7-5603-9733-7

Ⅰ.①计… Ⅱ.①钟… ②徐… ③叶… Ⅲ.①软件-研究 Ⅳ.①TP31

中国版本图书馆CIP数据核字(2021)第207113号

策划编辑 闻 竹
责任编辑 周一瞳 惠 晗
封面设计 郝 棣
出版发行 哈尔滨工业大学出版社
社 址 哈尔滨市南岗区复华四道街10号 邮编150006
传 真 0451-86414749
网 址 http://hitpress.hit.edu.cn
印 刷 哈尔滨市工大节能印刷厂
开 本 787 mm×1 092 mm 1/16 印张7.75 字数170千字
版 次 2021年11月第1版 2024年6月第2次印刷
书 号 ISBN 978-7-5603-9733-7
定 价 52.00元

作者简介

钟林辉,男,1974 年 11 月出生,博士,副教授,硕士生导师,现任职于江西师范大学计算机信息工程学院。博士毕业于北京大学信息科学技术学院软件工程研究所,研究方向为计算机理论与软件,主要从事软件体系结构、软件构件、软件演化及软件自动化方面的研究。在软件配置管理方面,提出了支持演化的构件模型,并完善了基于构件的软件配置管理模型,以此为基础在 95 科技攻关项目“青鸟工程”中构建了以基于构件的软件配置管理系统、软件变化管理系统及软件过程管理系统为核心的青鸟(Jade Bird)软件项目管理体系原型;在软件质量改善方面,采用数据挖掘及机器学习的方法,提出了软件演化信息驱动的软件质量改善方法及相应的系统原型。曾主持 2 个国家自然科学基金项目、3 个江西省教育厅科学技术项目、2 个江西省自然科学基金项目。参与多个国家自然科学基金项目、863 项目。在《软件学报》《计算机研究与发展》《小型微型计算机系统》《计算机科学》《计算机应用研究》等核心期刊和国际会议上发表论文 30 余篇。2015 年 8 月至 2016 年 8 月获国家留学基金委资助,在澳大利亚维多利亚大学访学。担任国家自然科学基金通信评审专家、教育部学位中心评审专家、山东省科技项目评审专家、安徽省科技项目评审专家和江西省科技项目评审专家。

徐静,女,博士,讲师,现任职于江西师范大学文学院。博士毕业于江西师范大学文学院,主要从事计算语言学的研究。曾参与多个国家自然科学基金项目的研究,在《南昌大学学报》《语文研究》《计算机应用研究》等核心期刊发表论文数篇。

叶海涛,男,硕士,毕业于江西师范大学计算机信息工程学院,现任职于江西省一附医院信息科,主要研究方向为软件演化与软件维护。

前　言

正如杨芙清院士所说的“软件的本质特征是软件的构造性和演化性”，软件演化是指软件在其生命周期内不断更新变化的过程，是软件的本质特征之一，贯穿于整个软件的生命周期。通常，软件通过持续不断的演化来满足需求的变化和硬软件环境的变化等，但是软件在开发和维护过程中也会出现新的问题。为更好地管理软件的演化，越来越多的软件演化管理模型被提出，然而现存的软件演化管理模型或版本管理系统中存储的软件大多是以文件或者项目为单位的，这些模型缺乏软件组成构件的演化历史信息，因此在构件化软件开发过程中，软件演化管理人员无法直观有效地了解及管理软件的演化。同时，在业界存在大量的遗留软件系统，这些软件系统的演化历史往往缺乏系统化的版本记录和日志。因此，如何通过挖掘这些软件演化过程中留下的历史信息来得到软件及其组成构件的演化历史关系是一个值得解决的问题。

为此，本书通过定义软件演化二叉树的概念来表示一个软件及其组成构件的演化历史，并提出了一种基于软件体系结构逆向技术恢复软件系统的体系结构及其组成构件演化二叉树的方法。该方法主要包括：利用软件的源代码及体系结构逆向技术恢复软件系统的（原子）构件和软件体系结构（本书将软件体系结构看作一种特殊的复合构件）；度量原子构件的三维属性（包括原子构件中类的个数、类文件的个数及类文件大小的总和）及复合构件的五维属性（包括复合构件中原子构件的个数、原子构件大小的总和、体系结构的大小、有效代码行数及类文件数）；针对软件体系结构这一重要的软件属性，提出了基于属性图和编辑距离的软件体系结构变化性度量方法；提出演化二叉树构造算法，利用恢复的构件信息及度量的构件属性构造软件演化二叉树；恢复每个原子构件的版本号，并将对应版本的原子构件添加到复合构件之中，进而恢复复合构件与原子构件之间的版本关系。

为验证该方法的有效性，本书设计了两组实验来分析影响演化二叉树构造效果的主要因素。实验中，分别利用 Bunch 及理解驱动聚类算法（Algorithm for Comprehension-Driven Clustering，ACDC）体系结构逆向工具，在不同属性相似度阈值和不同属性组合下生成演化二叉树。本书通过对四个开源软件（cassandra、HBase、hive 和 OpenJPA）的实验，研究了属性相似度阈值以及构件属性对演化二叉树构造的影响，以及利用该方法恢复的复合构件演化二叉树与真实的演化二叉树的相似性符合预期，能有效地恢复这些开源软件及其组成构件的演化历史。同时,本书对软件演化的趋势和演化过程中的风格匹配问题也做了一定的研究。

本书的撰写得到了国家自然科学基金项目“演化信息驱动的软件质量改善研究”(编号:61262015)、国家自然科学基金项目“基于本体及推理机的构件化软件演化信息获取及度量技术研究”(编号:61462040)、国家自然科学基金项目“非线性数据结构算法组件的自动构造及其形式化验证”(编号:62062039)、江西省自然科学基金项目“基于本体及推理机的构件化软件演化信息动态获取及应用研究”(编号:20142BAB207027)、江西省自然科学基金资助项目“面向软件体系结构演化的软件项目知识复用和应用”(编号:20212BAB202017)、江西省教育厅科学技术项目“一种基于逆向工程的开源软件体系结构变化性度量方法研究”的资助,以及江西师范大学“智能教育与教育人工智能”科研团队的支持。

同时,徐静博士(江西师范大学文学院)、叶海涛(江西省一附医院信息科)也为本书的出版做了大量工作。

限于作者水平,书中疏漏及不足在所难免,请广大读者批评指正。

作　者

目　　录

第1章　绪　论

1.1　研究背景及意义

在当今社会,计算机软件已经应用到人们工作、生活的方方面面。人类已经离不开计算,对计算机软件更加依赖。在大量的软件产品中,有很多人们用了十几年、几十年,甚至一直到今天还在用的成功软件,也有很多从始至终都几乎无人问津的失败软件。软件的成功并不是一蹴而就的,它们都是经历了漫长的演化过程,不断地完善自己的功能以适应不断改变的用户需求及外部环境才取得成功的。

早在20世纪,Lehman首次提出了"软件演化"这个概念。软件演化是指软件在其生命周期内不断更新变化的过程,是软件的本质特征之一,贯穿于整个软件的生命周期。由于行业的发展,如人们需求的改变、功能实现的增强、新型算法的发现及运行环境的改变等,因此会引起软件的改变,促使软件发生演化。现今的许多软件系统已经不再像以前的一些小规模软件那样依靠几个人,花费几天或者几个月就能完成,而经常是需要几十甚至成百上千人花费数年时间来完成的大型软件。对于这样大规模、复杂的软件系统,在演化过程中一旦采取了不恰当的演化策略,就可能会造成一些潜在的不良影响,从而导致软件退化,其所带来的经济影响是十分巨大的。

随着软件工业的成熟及软件生产要求的不断提高,基于构件的软件开发、维护和发行作为一种新的软件开发方法被提出。在基于构件的软件演化过程中不再单单关注源代码层级的更改,而是构件开发加基于体系结构的构件组装的过程。在构件化软件演化过程中,软件演化过程可以定义为删除构件、修改构件和添加构件三项。要从宏观角度来刻画软件演化,并对软件演化进行观察和管理,自然要从软件体系结构演化管理研究开始。软件体系结构演化管理是管理软件演化的基础,其对管理软件演化具有非常重要的意义。对于这些构件化软件演化管理的研究其实已经上升到对软件体系结构演化管理的研究。

在本书作者撰写的专著《构件化软件开发中演化信息的获取和应用技术研究》中,作者从软件正向工程的角度出发,研究了在软件建模过程中支持构件化软件演化信息获取的方法,重点解决以下问题:需要一种演化信息获取方法以适应构件化软件特点,能够获取构件化软件的全面演化信息;需要研究利用演化信息,提高软件体系结构易演化性的方法;针对原子构件演化过程中缺失构件实现体有关制作知识的情况,需要研究利用演化信息挖掘相关知识,获取原子构件实现体的框架实例化模式的方法;需要研究支持构件化软件演化的系统框架。研究成果如下。

(1) 提出了一个支持演化的构件模型和相应的扩充构件描述语言 xJBCDL,以及从 xJBCDL 到基于构件的软件配置管理模型(Component-Based Software Configuration Management,CBSCM) 的自动转换算法,从而建立了构件化软件开发与演化管理之间一致的概念体系。

(2) 提出了构件化软件演化的本体模型,以及几种构件化软件演化度量及比较公式。

(3) 提出了一种演化信息驱动的体系结构重构方法,具体包括如下内容。

① 提出了扩展的构件依赖关系图,将构件的逻辑依赖关系和演化依赖关系统一表示。

② 提出了一种体系结构重构方法,将体系结构重构转换为接口重构和实现体重构两方面规约重写,并给出了规约重写的基本操作规则。其中,分析了实现体规约的重构操作,提出了"子构件提升操作""同级构件合并操作"这"跨级构件合并"和"构件分离合并操作"这四种基本操作。

③ 针对面向对象的 Java 程序,提出了面向演化的重构策略。

(4) 提出了一个基于演化信息,挖掘原子构件实现体(面向对数的实现)中蕴含的变化点实例化模式的方法。

(5) 提出了一个构件化软件演化支撑系统框架。

正如前面所描述的,该成果主要讨论如何在软件工程的正向工程中支持软件演化信息的获取和应用,缺乏从逆向工程的角度讨论如何获取在软件系统较高层次(如软件体系结构层次) 获取软件演化历史信息和度量的方法。在软件工程的实践过程中,对于许多软件系统而言,由于年代久远,因此可能现存的很多演化历史信息不全,现有的许多软件演化管理工具多以文件或者项目为单位去跟踪软件的演化过程,其中并未存储软件组成构件的演化历史,研究人员无法通过这些软件演化管理工具直接跟踪和管理软件组成构件的演化。因此,软件演化历史对于研究软件演化、软件演化的管理和软件后期的维护有着极其重要的作用。研究如何恢复构件化软件及其组成构件的演化历史,采取恰当的策略,有效地实施和管理构件化软件的演化十分重要。

1.2 主要研究内容

针对遗留软件的演化历史信息不全,以及现有的软件配置管理系统不能很好地支持构件化软件的演化等问题,本书提出了一种基于体系结构逆向的软件演化历史恢复方法,通过使用该方法,可以在体系结构层次恢复系统及其组成构件的演化历史,并表示为一棵演化二叉树的形式。本书主要研究内容包括以下几个方面。

(1) 软件演化历史的建模、软件演化二叉树构造算法的研究,以及复合构件与原子构件之间版本关系的恢复研究。

(2) 软件体系结构变化性度量的方法。研究更能准确度量软件体系结构变化的方法。因此,为克服目前软件体系结构变化性度量方法的不足,本书在软件体系结构设计层次中既考虑了构件本身的变化,也考虑了软件体系结构在结构上的变化。

(3) 复合构件及原子构件的各项属性的度量。本书选择了复合构件的五维属性(复合构件中原子构件的个数、原子构件大小的总和、体系结构的大小、有效代码行数、类文件数) 及原子构件的三维属性(原子构件中类的个数、类文件的个数及类文件大小总和)。

(4) 演化二叉树构造的影响因素分析。比较恢复的演化二叉树和真实的演化二叉树的相似性,分析影响演化二叉树生成的影响因素,以验证演化二叉树构造方法的有效性。

(5) 软件演化历史恢复系统的设计与实现。提供必要的软件工程环境以支持软件演化历史的恢复和应用,能减少软件维护的代价,提高软件维护的效率。

1.3　研究成果

本书的研究成果如下。

(1) 在软件体系结构层次恢复了软件系统的演化历史, 并恢复系统与其组成构件之间的版本关系。

(2) 提出了软件演化二叉树的概念,将软件演化历史定义为一棵软件演化二叉树。

(3) 提出了一种基于多维属性和属性图方法的软件体系结构变化性度量方法。

(4) 提出了软件演化二叉树构造算法,通过此算法恢复软件系统及其组成构件的演化二叉树。

(5) 设计并开发了软件演化历史恢复工具。

1.4　组织架构

本书主要描述如何利用现有软件演化管理模型或版本管理系统中存储的软件演化过程中留下的演化历史信息(主要为源代码),基于体系结构逆向技术恢复软件系统及其组成构件的演化历史。全书组织架构如下。

第 1 章首先介绍了本书的研究背景及研究意义,然后介绍了本书的主要工作及主要创新,最后对全书的组织架构做了一个简单的概括。

第 2 章主要介绍了软件演化信息的存储机制。分别介绍了传统的软件演化信息存储机制,即软件配置管理模型和工具,以及现代基于 Internet 的分布式开源软件库 GitHub 的框架、存储结构和使用方式,还介绍了基于软件配置管理模型的软件演化管理的相关技术。

第 3 章主要介绍了国内外的相关研究及一些经典的体系结构逆向技术,重点介绍了使用 Bunch 工具和 ACDC 算法实现体系结构逆向的方法。

第 4 章主要介绍了作者提出的一种基于图编辑距离的软件体系结构变化性度量方法。该方法将软件体系结构抽象为属性图，基于二分图的编辑距离计算不同版本之间的软件体系结构的变化程度。

第 5 章主要介绍了本书所提出的软件演化历史的相关定义，包括演化树及演化二叉树的定义及其相互转换的规则，还介绍了原子构件和复合构件之间版本关系的恢复方法，并对原子构件以及复合构件软件演化二叉树的构造方法做了详细的介绍。

第 6 章主要介绍了软件演化历史恢复系统的分析设计与实现。首先介绍了系统的总体结构，然后分别介绍了配置文件读取模块、构件生成模块、构件属性度量模块、演化二叉树生成模块、构件版本关系恢复模块和结果分析模块的设计细节与实现。

第 7 章主要是实验部分。为分析影响演化二叉树构造的因素，在这一章中设计了两组实验，分别为不同属性相似度阈值下生成演化二叉树和不同属性组合下生成演化二叉树的实验。通过这两组实验，本书可以得出属性相似度阈值以及构件属性是如何影响演化二叉树生成的。

第 8 章主要介绍了基于多维属性演化树的软件演化风格匹配方法，并以六个开源系统为实验对象，验证了本方法的有效性，为提高软件企业的过程能力提供了支撑。

第 9 章对本书的研究工作进行了总结，指出了书中存在的不足及需要改进的地方，并对将来的工作进行了展望。

第 2 章　软件演化信息的存储机制

本章主要内容是软件演化信息存储技术及一些体系结构逆向技术的介绍。在相关研究部分,本书主要从软件演化历史信息的存储及软件演化管理的相关技术方面展开介绍。由于本书的目的是在体系结构层次恢复软件的演化历史,而现今常用到的一些版本管理工具如 SVN 或 Git 中所存储的软件演化历史信息多是以文件或者项目为单位的,其中并未保存系统的体系结构演化历史信息,因此本书只能从这些版本控制管理系统中获取系统的源代码,在进行体系结构演化历史恢复之前,需利用体系结构逆向工具恢复软件的体系结构。本章首先介绍软件演化信息的传统存储机制及现代基于 Internet 的开源库 GitHub,后续章节将介绍经典的体系结构逆向技术,主要包括体系结构逆向工具 Bunch 及体系结构逆向算法 ACDC。

2.1　概　　述

软件演化管理是控制软件演化过程必不可少的管理手段,多年来,国内外的许多研究者已经针对软件演化管理进行了大量的研究。最初,研究者认为软件演化就是源代码及其配置文件的变更,所以研究者大多利用一些软件配置管理(Software Configuration Management,SCM)系统来追踪文件的变更,详细记录什么时候、什么人修改了文件的什么内容。软件配置管理是人们在对软件更改或者变更进行控制和管理的过程中,经过长期的探索和总结而逐渐形成的一套科学管理规范,贯穿于软件的整个生命周期,其主要功能是控制软件生命周期中的变更、减小各种变更造成的影响和保障软件产品的质量。

早在 20 世纪 70 年代,Leon Presser 教授在管理美国海军的航空发动机研制项目时就进行了 1 400 多万次的修改,首次提出了控制变更和配置的概念。随后,Leon Presser 教授开发了名为 Change and Configuration Control(CCC)的配置管理工具,这是最早的配置管理工具。随着软件工程的发展,越来越多的配置管理系统被研究者提了出来,其中像 SVN(Subversion)、CVS(Concurrent Version System)和 Git 等软件配置管理系统已经广泛应用于软件的生产过程中,负责管理软件的演化。

软件配置管理在国内的研究较少,主要有北京大学软件工程研究所开发的青鸟配置管理系统(Jode Bird Configuration Management,JBCM)和华中科技大学开发的华科软件配置管理系统(HUST Software Configuration Management System,HSCMS),其采用面向对象的观点组织软件实体,提供了对多种类型的软件实体进行统一管理的数据模型。

对于软件演化管理的相关研究,本节主要从传统软件配置管理技术、基于开源库 GitHub 的软件配置管理及软件演化管理相关技术三个方面进行详细阐述。

2.2 传统的软件配置管理技术

软件演化信息一般存储在一些版本管理系统和软件仓库中,最常见的版本管理系统(如CVS)是一个并发版本管理系统,CVS可以记录软件演化过程中留存的源文件及文档等信息。SVN是一个开源的版本管理系统,其采用了分支管理系统,弥补了CVS在权限管理方面的不足。随着版本管理系统的发展,为应对集中式版本管理系统的不足,研究人员开发了分布式管理系统Git。Majumdar弥补了传统的版本控制系统在管理源代码方面的不足,并且针对在同步主存储和本地工作副本方面存在的问题提出了解决方法。Martin将软件源代码存储为存储库中的抽象语法树(Abstract Syntax Tree,AST),为支持软件开发制品与源代码之间的可追踪性,在存储库中提供所有AST的历史版本记录,包括其可追踪性链接,以便更好地了解软件系统的变化。

为实现对软件演化信息的管理,传统软件配置管理系统通常采用check out/check in模型、组合(Composition)模型、长事务(Long Transaction)模型和变化集(Change Set)模型。

1. check out/check in 模型

check out/check in模型的核心是对各个文件提供版本控制,图2.1所示为用户看到的check out/check in模型。每个文件都可能有许多版本,这些版本都保存在中心的数据存储库中,用户并不能直接读写存储库中的文件,而必须把存储库中的文件check out到文件系统中才能进行操作。文件必须在文件系统中进行修改,文件修改完毕后用户可以把其check in到存储库中。用户还可以再对文件进行分支。check out/check in模型还支持对文件并发修改的控制。

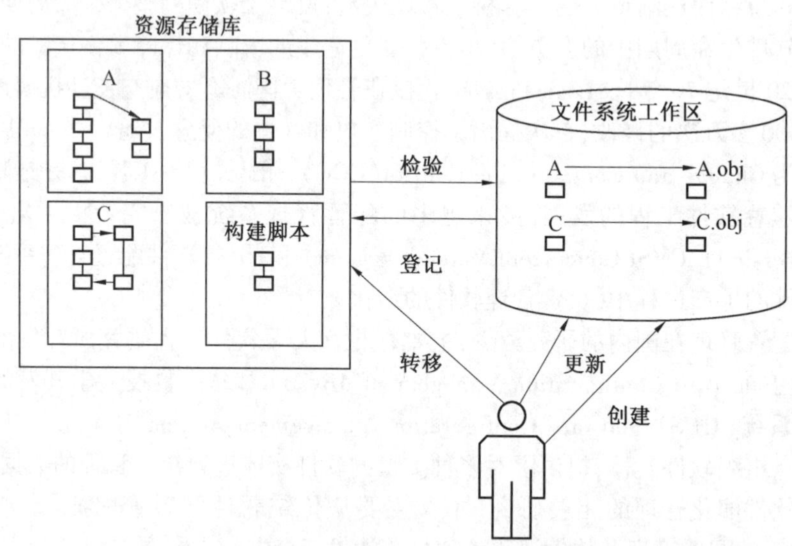

图2.1 用户看到的check out/check in模型

2. 组合模型

组合模型是对 check out/check in 模型的一种扩展,组合模型引入了配置的概念,配置也可以有很多版本,组合模型也因此而提供了系统建模的能力。组合模型中的配置由一个系统模型和一套版本选择规则构成,系统模型列出了组成系统的所有文件,而版本选择规则则指明了要选择各个文件的哪个版本构成配置。在基于组合模型的软件配置管理系统中,用户需要先定义软件系统由哪些文件组成,然后再为每个文件指定版本(图 2.2)。

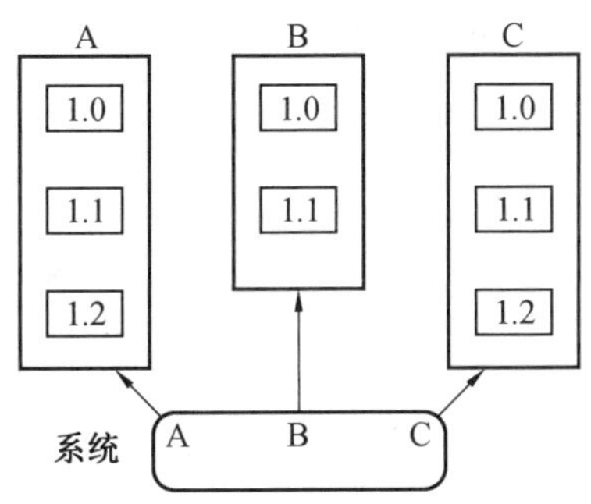

图 2.2　选择文件版本

3. 长事务模型

长事务模型着重于支持整个系统经过一系列原子变化产生的演化过程,以及协调不同开发人员对系统进行的修改。开发人员首先是对配置而不是对文件进行操作,上面的每一个原子变化就是一个事务。多个事务通过并发控制模式来协调,事务的结果是一个新的配置版本,由一系列顺序的事务产生的一系列配置版本称为开发路径。可以以某个配置版本为起点创建配置的版本分支,又称创建新的开发路径。图 2.3 所示为配置的版本树。

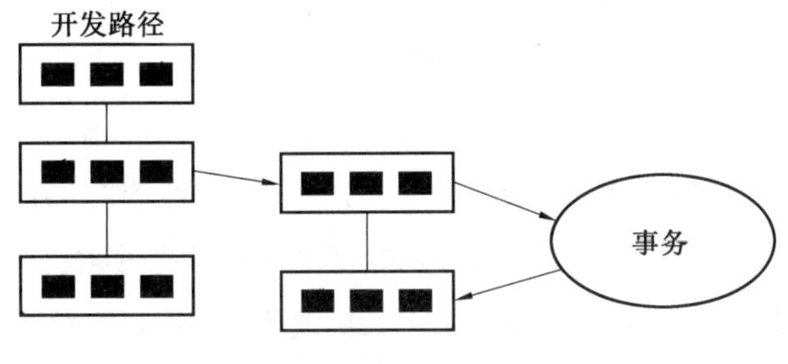

图 2.3　配置的版本树

这里的事务与数据库中的事务是不一样的,主要表现在以下两个方面。

(1) 数据库中事务的结果是对数据库中数据的修改,这里的事务总是产生一个新的配置版本。

(2) 数据库中的事务往往很快就结束了,这里的事务却往往要持续很长时间,如几天。

4. 变化集模型

变化集模型着重于管理系统配置的变化，变化集模型的两个基本概念是基线和变化集。变化集是构成一个逻辑变化的、对各个文件的修改的集合，可以在产生该变化集的活动结束后仍然存在。在这个模型中，配置由一个基线和一组变化集来刻画，逻辑变化可以自由地传播到其他配置中。变化集模型基于面向变化的配置管理，与面向版本的配置管理有着根本的区别。对于一个文件来说，变化集就是两个文件版本的差异；对于一个配置来说，变化集就是两个配置版本间的差异，它由一组文件版本差异组成。在变化集模型中，变化集是可以命名和操作的实体，小的变化集又可以组成大的变化集。图 2.4 所示为变化集。

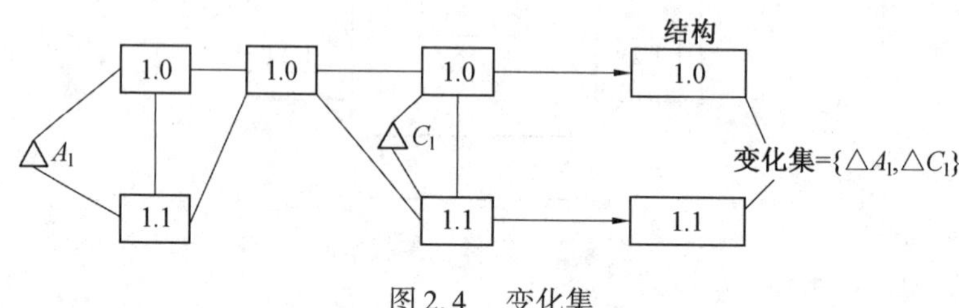

图 2.4　变化集

变化集可以很自然地与变化请求相关联，变化请求包含有关变化的信息，而变化集则代表了变化的实际内容。开发人员还可以通过变化集进行追踪（如查看某个变化集是否包含在某个配置中）。

近年来，由于系统模型和系统模型相关语言的研究，因此软件配置管理可以通过一个配置来捕获软件体系结构，支持对一组源文件的复合变更进行追踪，这些都使得利用软件配置管理系统来管理软件体系结构的演化成为可能。

现今有些研究者试图依托软件配置管理系统来存储软件体系结构的演化信息，试图将构件、体系结构引入到软件配置管理模型之中，将软件演化管理的粒度从源代码层提升至体系结构层。文献[12] 将版本信息的概念与构件模型、软件配置管理模型相结合，提出了支持构件化软件演化的构件模型，从而支持构件化软件的演化管理。在其随后的研究中，为更好地管理基于构件的软件演化，从技术和流程管理的角度提出了一个框架及其原型支持系统。该框架通过基于流程引擎定义更改模板，集成了多个组件，包括软件更改控制和跟踪。该框架不仅可以支持软件演化信息的收集和获取，还可以支持软件架构重构等维护任务。Mokni 设计实现了一个支持多层、基于构件的软件体系结构的演化管理模型，可以在规约、实现和部署三个层次进行变化的追踪。Thomas 等发现主题模型是构造各种软件制品（源代码、需求文档及错误报告）的有效工具，假设主题模型用来描述软件演化存储并可用于软件的理解以及维护。他们通过对 JHotDraw 和 jEdit 的源代码历史进行详细的手动分析，将主题模型应用于源代码的历史，创建较高层次的主题演化模型以描述源代码的更改,最后发现大多数的主题演变与开发人员的实际代码更改活动一致,得出主题模型大多数是准确的。

比较典型的代表是 Koala 方法、Ménage 方法及青鸟的基于构件的软件配置管理模型。

(1)Koala 方法支持复合构件模型的定义及变化性的描述。变化性区分为构件内部的变化性及构件之间结构的变化性:内部变化性用带参数的方式实现(如将变化性参数声明为需要接口中的一个函数);结构变化性用"开关(Switch)"实现,"开关"定义了接口之间可能的连接,并在接口描述中定义了一个可选项来描述构件的不同版本。

(2)Ménage 是一个软件体系结构演化管理支持环境。该环境早期主要支持软件体系结构和软件配置管理模型的集成系统建模及工具支持问题,后来发展了详细、准确描述产品线体系结构及软件配置管理系统配合下的管理软件产品线演化的相关技术。Ménage 的工具集包括产品线体系结构描述工具、体系结构版本管理工具和体系结构选择工具。Ménage 体系结构如图 2.5 所示。

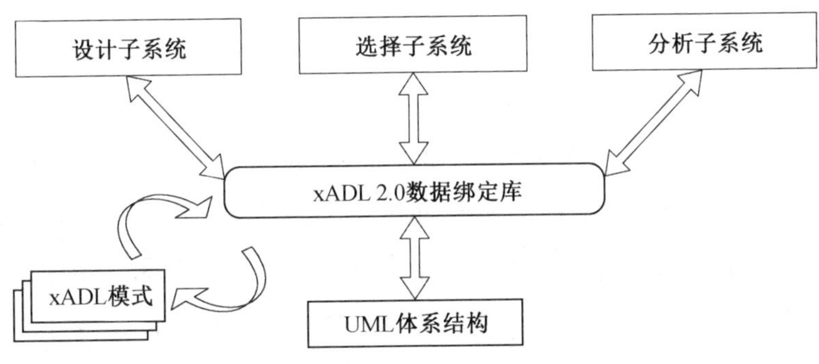

图 2.5　Ménage 体系结构

Ménage 系统的"设计子系统"中,用一种基于 XML 语言的软件体系结构语言 xADL 描述产品线体系结构,为支持变化点的概念,在描述中增加了"可选的"及"变化体"概念的表示机制,通过在接口、构件变化体等元素上增加版本描述,结合已有的软件配置管理系统实现对软件体系结构的变化追踪。在"选择子系统"中,当用户给出产品线的选择标准后,系统能自动地生成部分产品线体系结构或者具体应用的体系结构。

(3) 基于构件的软件配置管理模型是北京大学软件工程研究所开发的一个配置管理模型,是青鸟工程的研究成果之一。该模型适应了构件化软件开发的特点,在配置管理技术中引入构件的概念,以构件为版本控制的基本单位,同时定义配置由若干构件或者子配置构成,配置的不同版本体现为基线。青鸟基于构件的软件配置管理模型如图 2.6 所示,在上述机制的支持下,可有效地支持构件化软件的演化管理。

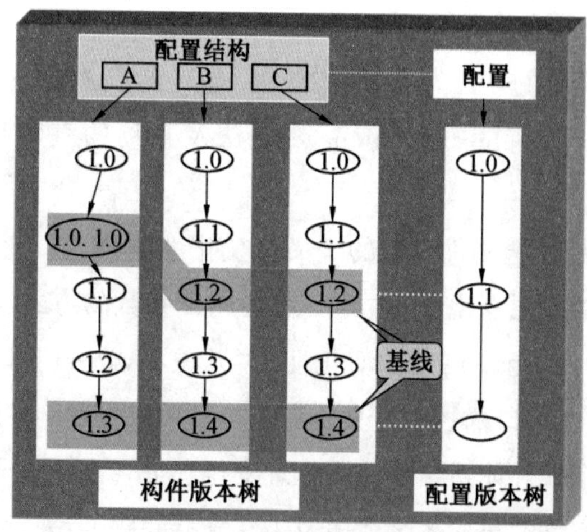

图2.6　青鸟基于构件的软件配置管理模型

2.3　基于开源库GitHub的软件配置管理

GitHub是一种基于Internet的分布式版本控制系统，GitHub拥有超过900万开发者用户。随着越来越多的应用程序转移到云上，GitHub已经成为管理软件开发及发现已有代码的首选方法。作为一个分布式的版本控制系统，在Git中并不存在主库这样的概念，每一份复制出的库都可以独立使用，任何两个库之间的不一致之处都可以进行合并。GitHub可以托管各种Git库，并提供一个web界面，但它与国外的SourceForge、Google Code或中国的coding的服务不同，GitHub的独特卖点在于从另外一个项目进行分支的简易性。为一个项目贡献代码非常简单：首先点击项目站点的“fork”的按钮，然后将代码检出并将修改加入到刚才分出的代码库中，最后通过内建的“pull request”机制向项目负责人申请代码合并。已经有人将GitHub称为代码玩家的MySpace。在GitHub进行分支就像在MySpace（或Facebook）进行交友一样，在社会关系图的节点中不断地连线。GitHub项目本身自然而然也在GitHub上进行托管，只不过是在一个私有的、公共视图不可见的库中。开源项目可以免费托管，但私有库并非如此。GitHub的开发者之一Chris Wanstrath肯定了通过付费的私有库在财务上支持免费库的托管这一计划。通过与客户的接洽，开发FamSpam，甚至是开发GitHub本身，GitHub的私有库已经被证明物有所值。任何希望节省时间并希望与团队其他成员一样远离页面频繁转换之苦的人都会从GitHub中获得他们真正想要的价值。在GitHub，用户可以十分容易地找到海量的开源代码。

与传统的软件配置管理模型类似，GitHub支持本地仓库、远程仓库、交互式访问和设置签名等概念。相关概念和结构如下。

(1) GitHub 的结构即 GitHub 本地仓库的结构,如图 2.7 所示。

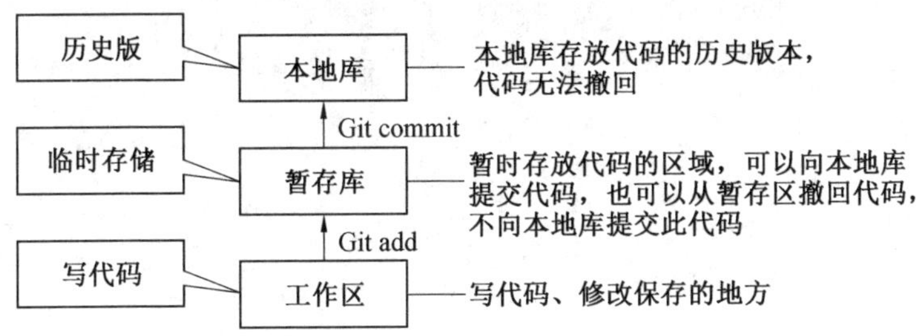

图 2.7　GitHub 本地仓库的结构

为实现本地仓库的初始化和文件内容的查看,可以利用 GitHub 提供的一系列命令,举例如下。

① 本地库初始化。本地库初始化过程如图2.8 所示,本地库初始化后的目录如图2.9 所示。

图 2.8　本地库初始化过程

② 列出所有目录下的内容。

ls –lA:列出目录下所有资源,包括带隐藏资源的内容。

ls –l | less:管道操作,分层(分页)查询目录下的内容。按键盘上的"Q"退出。上述操作命令执行后结果如图 2.10 所示。

当所在目录下不存在文件(包括隐藏的文件)时,执行的效果如图 2.11 所示。

```
Administrator@NGB2SONDQDRCRCI MINGW64 /d
$ ll
total 197076
drwxr-xr-x 1 Administrator 197121         0 七月  9 19:51 '$RECYCLE.BIN'/
drwxr-xr-x 1 Administrator 197121         0 七月 11 09:02 360Downloads/
drwxr-xr-x 1 Administrator 197121         0 十一  2 22:25 360安全浏览器下载/
drwxr-xr-x 1 Administrator 197121         0 十一  2 22:02 360用户文件/
drwxr-xr-x 1 Administrator 197121         0 七月 16 21:38 BaiduNetdiskDownload/
drwxr-xr-x 1 Administrator 197121         0 八月 10 15:18 demo/
drwxr-xr-x 1 Administrator 197121         0 十月 11 14:21 Documents/
drwxr-xr-x 1 Administrator 197121         0 七月  9 19:51 Downloads/
-rw-r--r-- 1 Administrator 197121     47992 十二  5  2015 dubbo.xsd
-rw-r--r-- 1 Administrator 197121   1568458 四月 12  2017 dubbo-2.8.4.jar
drwxr-xr-x 1 Administrator 197121         0 十月 18 13:31 eclipse-workspace/
drwxr-xr-x 1 Administrator 197121         0 十一  3 10:44 FavoriteVideo/
drwxr-xr-x 1 Administrator 197121         0 八月  5 16:12 generatorSqlmapCustom/
drwxr-xr-x 1 Administrator 197121         0 十月  3 20:21 HeimaCodeUtil_V2.4change/
-rw-r--r-- 1 Administrator 197121  56954836 十月  3 20:28 HeimaCodeUtil_V2.4change02.rar
-rw-r--r-- 1 Administrator 197121 125478400 八月  1 14:55 jdk-7u65-linux-i586.rpm
drwxr-xr-x 1 Administrator 197121         0 七月  9 19:52 KuGou/
drwxr-xr-x 1 Administrator 197121         0 十月 31 17:47 PPDownload/
drwxr-xr-x 1 Administrator 197121         0 八月  2 18:19 'Program Files'/
drwxr-xr-x 1 Administrator 197121         0 八月  1 13:22 'Program Files (x86)'/
drwxr-xr-x 1 Administrator 197121         0 十一  3 08:58 ProgramFiles/
drwxr-xr-x 1 Administrator 197121         0 八月 21 10:03 'ProgramFiles(x86)'/
drwxr-xr-x 1 Administrator 197121         0 七月  9 20:22 QQMusicCache/
drwxr-xr-x 1 Administrator 197121         0 八月  8 20:12 StormMedia/
```

图 2.9　本地库初始化后的目录

```
Administrator@NGB2SONDQDRCRCI MINGW64 /d
$ ll
total 197080
drwxr-xr-x 1 Administrator 197121         0 七月  9 19:51 '$RECYCLE.BIN'/
drwxr-xr-x 1 Administrator 197121         0 七月 11 09:02 360Downloads/
drwxr-xr-x 1 Administrator 197121         0 十一  2 22:25 360安全浏览器下载/
drwxr-xr-x 1 Administrator 197121         0 十一  2 22:02 360用户文件/
drwxr-xr-x 1 Administrator 197121         0 七月 16 21:38 BaiduNetdiskDownload/
drwxr-xr-x 1 Administrator 197121         0 八月 10 15:18 demo/
drwxr-xr-x 1 Administrator 197121         0 十月 11 14:21 Documents/
drwxr-xr-x 1 Administrator 197121         0 七月  9 19:51 Downloads/
-rw-r--r-- 1 Administrator 197121     47992 十二  5  2015 dubbo.xsd
-rw-r--r-- 1 Administrator 197121   1568458 四月 12  2017 dubbo-2.8.4.jar
drwxr-xr-x 1 Administrator 197121         0 十月 18 13:31 eclipse-workspace/
drwxr-xr-x 1 Administrator 197121         0 十一  3 10:44 FavoriteVideo/
drwxr-xr-x 1 Administrator 197121         0 八月  5 16:12 generatorSqlmapCustom/
drwxr-xr-x 1 Administrator 197121         0 十一  3 11:05 gitworkspaces/
drwxr-xr-x 1 Administrator 197121         0 十月  3 20:21 HeimaCodeUtil_V2.4change/
-rw-r--r-- 1 Administrator 197121  56954836 十月  3 20:28 HeimaCodeUtil_V2.4change02.rar
-rw-r--r-- 1 Administrator 197121 125478400 八月  1 14:55 jdk-7u65-linux-i586.rpm
drwxr-xr-x 1 Administrator 197121         0 七月  9 19:52 KuGou/
drwxr-xr-x 1 Administrator 197121         0 十月 31 17:47 PPDownload/
drwxr-xr-x 1 Administrator 197121         0 八月  2 18:19 'Program Files'/
drwxr-xr-x 1 Administrator 197121         0 八月  1 13:22 'Program Files (x86)'/
drwxr-xr-x 1 Administrator 197121         0 十一  3 08:58 ProgramFiles/
```

```
Administrator@NGB2SONDQDRCRCI MINGW64 /d
$ cd gitworkspaces/
```

```
Administrator@NGB2SONDQDRCRCI MINGW64 /d/gitworkspaces
$ ll
total 0

Administrator@NGB2SONDQDRCRCI MINGW64 /d/gitworkspaces
$ ls -lA
total 0
```

图 2.10　本地库列出所有目录下的内容

```
Administrator@NGB2SONDQDRCRCI MINGW64 /d/gitworkspaces
$ mkdir WeChat

Administrator@NGB2SONDQDRCRCI MINGW64 /d/gitworkspaces
$ ll
total 0
drwxr-xr-x 1 Administrator 197121 0 十一  3 11:11 WeChat/

Administrator@NGB2SONDQDRCRCI MINGW64 /d/gitworkspaces
$
```

图 2.11　空目录

假设 WeChat 就是要开发的项目目录(图 2.12)。此时执行展示目录的命令时,WeChat 文件夹里面什么文件都没有,包括隐藏的文件(图 2.13)。

```
Administrator@NGB2SONDQDRCRCI MINGW64 /d/gitworkspaces
$ cd WeChat

Administrator@NGB2SONDQDRCRCI MINGW64 /d/gitworkspaces/WeChat
$ ll
total 0

Administrator@NGB2SONDQDRCRCI MINGW64 /d/gitworkspaces/WeChat
$ ls -lA
total 0

Administrator@NGB2SONDQDRCRCI MINGW64 /d/gitworkspaces/WeChat
$ |
```

图 2.12　WeChat 的目录内容

```
MINGW64:/d/gitworkspaces/WeChat
Administrator@NGB2SONDQDRCRCI MINGW64 /d/gitworkspaces/WeChat
$ git init
Initialized empty Git repository in D:/gitworkspaces/WeChat/.git/
```

图 2.13　WeChat 空目录

Linux 以点开头的文件或者文件夹都是隐藏的资源(图 2.14)。

```
Administrator@NGB2SONDQDRCRCI MINGW64 /d/gitworkspaces/WeChat (master)
$ ll
total 0

Administrator@NGB2SONDQDRCRCI MINGW64 /d/gitworkspaces/WeChat (master)
$ ls -lA
total 4
drwxr-xr-x 1 Administrator 197121 0 十一  3 11:14 .git/

Administrator@NGB2SONDQDRCRCI MINGW64 /d/gitworkspaces/WeChat (master)
$
```

图 2.14　WeChat 目录隐藏内容

git init 就是在当前项目目录创建一个. git 的目录文件夹(图 2.15)。

```
Administrator@NGB2SONDQDRCRCI MINGW64 /d/gitworkspaces/WeChat (master)
$ ll .git/
total 7
-rw-r--r-- 1 Administrator 197121 130 十一  3 11:14 config
-rw-r--r-- 1 Administrator 197121  73 十一  3 11:14 description
-rw-r--r-- 1 Administrator 197121  23 十一  3 11:14 HEAD
drwxr-xr-x 1 Administrator 197121   0 十一  3 11:14 hooks/
drwxr-xr-x 1 Administrator 197121   0 十一  3 11:14 info/
drwxr-xr-x 1 Administrator 197121   0 十一  3 11:14 objects/
drwxr-xr-x 1 Administrator 197121   0 十一  3 11:14 refs/
```

图 2.15　创建目录

. git 文件夹存放的是本地库相关的子目录和文件,不要删除也不要胡乱修改。

(2) 本地库和远程库的交互方式。

方式一:团队内部协作,如图 2.16 所示。

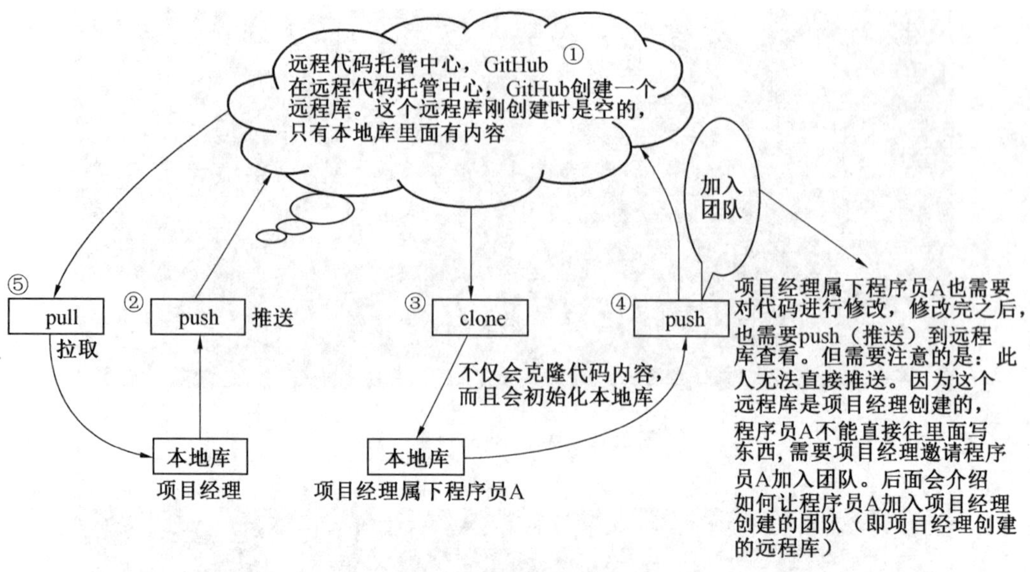

图 2.16　团队内部协作

方式二:跨团队协作,如图 2.17 所示。

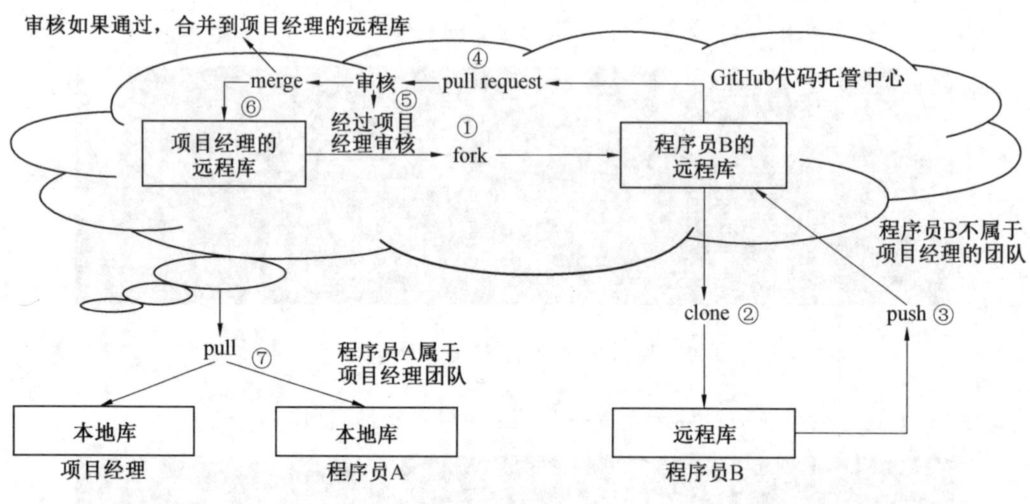

图 2.17　跨团队协作

(3) 设置签名。

签名的作用:设置用户名,区分不同开发人员的身份。GitHub 代码托管中心的登录用户名和密码与签名中的用户名和密码没有一点关系,一个是远程库的用户名和密码,一个是本地库的用户名和密码。设置签名的命令有两种:项目级别(仓库级别) 和系统用户级别。

① 项目级别(仓库级别)。项目级别的用户只能在当前项目使用,在其他项目不能使用。如 WeChat 项目的项目级别(仓库级别) 用户只能在 WeChat 项目中使用,而不能在 WeChat 项目以外的项目(如 pingyougou 项目) 中使用。例如,项目级别(仓库级别) 用户命令:

```
git config user. name tom_pro
git config user. email goodMorning_pro@ qq. com
```

其中,pro = project 表示项目(仓库) 级别的用户。

② 系统用户级别。若当前登录 Windows 系统的是管理员用户,则如果设置了管理员用户的系统用户级别签名,只要是管理员用户,无论什么项目,如 WeChat、pingyougou 等,都可以使用 Git。但如果用别的用户登录 Windows 系统,如 zhangsan,且没有在 Git 中设置该系统用户级别可用,则该用户 zhangsan 不能使用 Git 操作任何项目,即本地仓库不可使用了。例如, 系统用户级别命令:

```
git config -- global user. name tom_glb
git config -- global user. email goodMorning_glb@ qq. com
```

如果两种级别都设置了,则根据就近原则,只会使用项目级别(仓库级别) 的用户,而不会使用系统级别的用户。没有设置项目级别(仓库级别) 的用户,只有系统级别用户,则使用系统级别的用户;项目级别(仓库级别) 的用户优先于系统级别的用户,二者都有时,采用项目级别(仓库级别) 的用户;只有项目级别(仓库级别) 的用户,没有系统级别的用户,则使用项目级别(仓库库级别) 的用户。注意:两个都不设置是不允许的,Git 会报错。

2.4　软件演化管理的相关技术

1. 利用静态文本分析软件演化

由于现有的源代码差异分析方法通常只通过添加行和删除行操作,因此以文本粒度计算编辑轨迹。然而,根据这样的编辑轨迹推断句法变化是困难的。由于移动代码是编辑代码时经常执行的操作,因此也应该予以考虑。本书提出了一种算法,该算法用抽象语法树粒度计算源代码的编辑轨迹,包括移动操作。Li 使用组织良好的单元测试作为相应软件功能的标识符,然后利用一系列自动化技术分析历史变化的语义,并在许多日常实际环境中帮助开发人员管理软件的演化。Wen 为从大型软件演化数据中提取有价值的信息,以便进行有效的变更影响分析,确保安全的演化过程,提出了一种基于演化切片的变更影响分析技术,以解决代码级别的大型软件演化数据。该技术首先区分修改后的元素,然后构建演化切片,以帮助软件开发人员和维护人员做出演化决策。Servant 提出了利用模糊历史图来表示代码演化模型,还提出了一种新的多版本代码演化历史分析技术——模糊历史切片,并通过实验表明模糊历史图为代码历史分析任务提供了更高的准确性。

2. 利用可视化技术管理软件演化

文献[23]采用可视化技术从多个角度展示软件在演化过程中版本以及关联关系的变化。文献[24]介绍了一个名为 CuboidMatrix 的可视化工具,该工具提供简单易用的导航操作,探索了在大量软件修订中质量规则被打破的原因。文献[25]提出了一种名为 EVA 的可视化工具,该工具可以可视化和探索不断发展的软件体系结构,使用户能够评估架构设计决策及其系统整体架构稳定性的影响。文献[26]提出了一种基于交互式可视化的方法,支持软件系统的演化。文献[27]提出了一种基于实时交互式 3D 可视化的方法,其目标是在粗粒度和细粒度级别上呈现面向对象软件系统结构的演化。文献[28]提供了一个工具 Gevol,使用新型的图形绘制技术可视化软件的演化。

3. 利用软件体系结构逆向技术管理软件演化

还有一些研究者通过体系结构逆向技术来追踪软件体系结构的演化信息。Behnamghader 提出了一个架构恢复框架 ARCADE,对不同版本的软件系统的架构变化进行大规模可复制的经验研究。Shahbazian 开发了 RecovAr,这是一种从项目中容易获得的历史文件中自动恢复设计决策的技术。RecovAr 在一系列版本控制提交中使用了最先进的体系结构逆向技术,并将这些提交映射到问题中,以确定影响系统体系结构的决策。

4. 其他一些软件演化管理工具和方法

Nguyen 进行了关于软件演化过程中代码变化重复性的大规模研究,收集了2 841 个 Java 项目的大规模数据集来进行研究,发现在小型项目中变化的重复性高达 70% ~ 100%,并且随着尺寸的增加呈指数减小,其次在跨项目设置中的重复性比项目内的重复性更高且更稳定。Hattori 提供了一个 Eclipse 插件 Replay,它允许人们通过比提交更精细的粒度级别捕获更改,并通过手头的源代码在集成开发环境中按时间顺序回放过去的更改来探索软件系统的更改历史。Hattori 团队进行了一项对照实验,来评估 Replay 是否优于 Eclipse 中的 SVN 客户端。实验表明,对于一组软件演化的理解任务,Replay 所耗费的时间更短。Hata 介绍了名为 Historage 的工具,它可以提供 Java 中细粒度实体的完整历史,如方法、构造函数和字段等。该工具的一个特点是能够跟踪实体的历史,包括重命名变化。Ahmadon 提出了一种支持软件演化的模型驱动开发方法,该方法包括将软件源代码转换成 Petri 网模型的逆向工程方法,然后提出了一种模型驱动的验证方法,以确认软件模型的重要执行序列可以在整个演化过程中保持不变。Jiang 为恢复软件系统进化轨迹中分散的代码变化之间的共性和关联,提出了 SETGA(通过分组和聚合总结演化轨迹),该方法通过分组和聚合随时间提交的相关代码变化将历史提交记录总结为轨迹模式。SETGA 可以识别各种类型的轨迹模式,这些轨迹模式有助于软件演化管理和质量保证。

一些研究者通过预测软件体系结构的演化趋势来管理其演化。Trindade 为研究软件结构的演变和增长,提出了一个名为 Little House 的通用宏拓扑来表示软件体系结构。它模拟了面向对象软件系统类之间的依赖关系,然后定义了一个随机模型来预测软件体系结构的演变。Li 提出了一种基于体系结构度量来评估软件演化的技术,将整个体系结构演化过程分解为一系列原子演化操作步骤,用实例分析每个原子变换操作的影响,然后找出一般的演化趋势。其目的是分析架构更改如何影响相关的软件质量属性,这有助于保持良好的软件质量并保持软件的健康发展。

综上所述,现有的软件配置管理系统和软件演化管理模型中存储的软件系统大多数是以项目或者文件为单位的,并未存储软件系统中各个构件的演化历史,因此未能很好地管理软件构件的演化,对于那些游离于软件配置管理系统之外的遗留软件的演化也没有很好的支持。并且,现有的软件配置管理系统只是记录了软件的演化过程,将其表示为一棵软件演化树或者软件演化图,因为软件演化图出现的情况比较特殊也比较少,所以在本书中暂时只考虑软件演化树的情形。

现有的软件演化树有众多演化分支,其中一条为演化主线,其他所有的分支都从主线分出。有时为在众多的演化分支中区分出演化主线,给研究者增添了不少难度。因此,本书在现有软件演化树的基础上提出了软件演化二叉树的概念,以便研究者更清晰直观地了解软件系统的演化过程,更方便快捷地寻找到软件的演化主线。针对现有的软件演化管理模型无法很好地支持遗留软件的演化管理,本书开发了一个软件演化历史恢复工具,该工具可以通过软件多个版本的源代码恢复软件的各个组成构件,并建立起多个构件版本之间的演化关系,表示为一棵软件演化二叉树,并恢复系统与其组成构件之间的版本关系。

第 3 章　软件体系结构逆向技术

3.1　Bunch 软件体系结构逆向技术

本节将主要介绍利用 Bunch 进行体系结构逆向,Bunch 是一个逆向工程工具,它通过使用聚类算法根据类之间的依赖关系来产生集群。之前已有研究表明,Bunch 是体系结构逆向工程最好的工具之一。Bunch 通过划分源代码中的实体(如类)和关系(如类之间的函数调用)的图来产生子系统分解,将系统中的类通过聚类的方式划分为一个个的簇。用 Bunch 工具进行体系结构逆向流程图如图 3.1 所示。

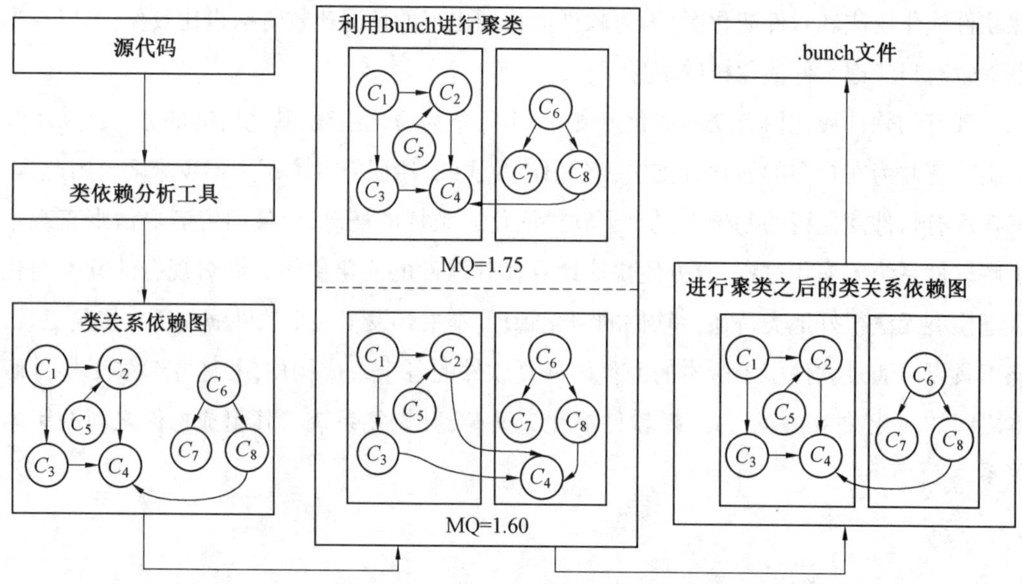

图 3.1　用 Bunch 工具进行体系结构逆向流程图

从图 3.1 中可以看出,在使用 Bunch 工具之前,需要依靠源代码分析工具分析代码中各个实体之间的依赖关系,将源代码转换为一个有向图即类关系依赖图。类关系依赖图是系统源代码中类及类之间关系结构的一种表示,该表示包括系统中所有的类及类之间存在的一组依赖关系。类关系依赖工具的输出表示为如下形式:

```
< container name =" system " classification =" jar" >
  < namespace name =" package" >
    < type name =" m1 " classification =" class" / >
```

```
        < dependencies count ="4" >
          < depends - on name = "org. apache. cassandra. service. Column"
          classification ="uses" / >
          < depends - on name = "org. apache. cassandra. service. Cassandra"
          classification ="uses" / >
        < depends - on name =" java. lang. StringBuilder" classification =" uses" / >
        < depends - on name =" java. lang. AssertionError" classification =" uses" / >
        < /dependencies >
      < /type >
    < /namespace >
  < /container >
```

上述代码中,container 标签表示的是待分析系统的系统名;namespace 标签表示的是当前类所在的包名;type 标签表示的是当前类的类名;dependencies 标签表示的是该类所依赖的类的个数;depends - on 标签表示的类所依赖的其他类,可以为 0 个也可以为多个。由代码可以看出,本书利用类依赖分析工具分析源代码得到的类关系依赖图中有很多对 jdk 中类的引用,为避免这些类对聚类结果的影响,本书在将类关系依赖图输入 Bunch 中进行聚类之前,需要先去除对 jdk 中类的依赖关系。

Bunch 中利用聚类算法的主要目标是对上述给定的类关系依赖图进行图的划分,也可以解释为快速找到一个类关系依赖图中最好的划分情况。给定一个类关系依赖图 G, $G = (N,E)$,N 表示的是类关系依赖图中的类,E 表示的是类关系依赖图中类与类之间的关系。利用 Bunch 进行聚类时,主要是将模块依赖图 G 划分为 n 个簇,表示为 $\prod_G = \{G_1, G_2, \cdots, G_n\}$,其中每个 $G_i((1 \leqslant i < n) \wedge (n \leqslant |N|))$ 代表的是分割出来的一个簇,具体如下:

$$G = (N,E), \prod_G = \bigcup_{i=1}^{n} G_i$$

$$G_i = (N_i, E_i)$$

$$\bigcup_{i=1}^{n} N_i = N$$

$$\forall ((1 \leqslant i,j \leqslant n) \wedge (i \neq j)), N_i \cap N_j = \varnothing$$

$$E_i = \{\langle u,v \rangle \in E \mid u \in N_i \wedge v \in N\}$$

上述公式中,$\prod_G$ 代表的是根据模块依赖图 G 划分的簇的集合,每个簇 G_i 中包含一组不重复的来自 N 中的类及来自 E 中的边,簇的数量范围为从 1 个(整个系统划分为一个簇) 到 $|N|$ 个(每个类都划分为一个簇)。将一个类关系依赖图 G 划分为 $k(11 \leqslant$

$k \leqslant |N|$）个非空的簇，称之为 k 分区的类关系依赖图。

对于一个拥有 $n=|N|$ 个类的类关系依赖图 G，假设其可以划分为 k 个簇，则它的不同划分方法数 $G_{n,k}$ 满足如下等式：

$$G_{n,k}=\begin{cases}1, & k=1 \text{ 或 } k=n \\ G_{n-1,k-1}+kG_{n-1,k}, & \text{其他}\end{cases} \tag{2.1}$$

根据上述公式可以得出，$G_{n,k}$ 的大小随着 n 的增大而呈指数增长。例如，拥有 5 个节点的类关系依赖图拥有 52 种不同的分区方式，而拥有 15 个节点的类关系依赖图则有 1 382 958 545 种不同的分区方式。对于如此多种类的分区，为快速找到好的分区，需要系统地浏览所有可能的分区，为有效地适应这一任务，Bunch 的聚类算法将图的划分（聚类）视为一个搜索问题。搜索的目标是最大化的函数值，称为模块化质量（Modularization Quality，MQ）。

模块化质量（MQ）将类关系依赖图的分区质量定量地确定为耦合性（即两个不同的分区子系统之间的关联性）和内聚性（同一分区子系统内部的关联性）。内聚程度越高的子系统，其 MQ 值也就越大。也就是说，MQ 值越大，就代表对于类关系依赖图的划分越接近期望的划分情况。因此，要找到类关系依赖图最好的划分情况就是去枚举类关系依赖图所有的分区情况，并选择 MQ 值最大的分区为最佳结果。这种方法对于大多数的类关系依赖图（即超过 15 个节点的类关系依赖图）是不实用的，因为图的分区随着图的节点数的增加而成指数级的增长，而枚举出所有可能的分区几乎是不可能的。因此，Bunch 的聚类算法采用了启发式搜索技术，快速发现可接受的次优结果。MQ 值是对各个簇的内聚和耦合的一个衡量标准，MQ 值通过计算类关系依赖图聚类出的 k 个簇的聚类因子（Cluster Factor，CF）再进行求和得到，其计算公式如下：

$$\mathrm{MQ}=\sum_{i=1}^{k}\mathrm{CF}_i \tag{2.2}$$

$$\mathrm{CF}_i=\begin{cases}0, & \mu_i=0 \\ \dfrac{2\mu_i}{2\mu_i+\sum\limits_{j=1,j\neq i}^{k}(\varepsilon_{i,j}+\varepsilon_{j,i})}, & \text{其他}\end{cases} \tag{2.3}$$

式中，μ_i 表示的是一个簇的内部边；$\varepsilon_{i,j}$ 和 $\varepsilon_{j,i}$ 分别表示的是簇 i 和和簇 j 之间的边。如果类关系依赖图中没有给定边的权重，这里会设定每个边的权重为 1。

当输入的类关系依赖图经过 Bunch 工具聚类之后，会将该类关系依赖图分割成不同的小模块，即将一个系统聚类成一个个的簇，其输出为一个 .bunch 文件，文件的输出格式如下：

SS(maxtem. MaxTemMapper. ss) = org. hamcrest. CoreMatchers, org. hamcrest. Matcher, org. junit. Assert, chapter5. StringTextComparisonTest, org. junit. Test, org. apache. hadoop. mapreduce. Mapper $ Context, org. apache. hadoop. io. LongWritable, maxtem. MaxTemMapper, org. apache. hadoop. mapreduce. Mapper, org. apache. hadoop. mapreduce. Reducer, org. apache. hadoop. mapreduce. Reducer $ Context, maxtem. MaxTemReducer, org. apache. hadoop. io. Text, org. apache. hadoop. io. IntWritable

SS(SequenceFileWriteDemo. ss) = org. apache. hadoop. mapreduce. lib. input. FileInputFormat, org. apache. hadoop. mapreduce. Job, maxtem. MaxTem, org. apache. hadoop. fs. Path, org. apache. hadoop. mapreduce. lib. output. FileOutputFormat, org. apache. hadoop. conf. Configuration, org. apache. hadoop. io. IOUtils, org. apache. hadoop. io. SequenceFile, org. apache. hadoop. fs. FileSystem, org. apache. hadoop. io. Writable, org. apache. hadoop. io. SequenceFile $ Writer, chapter5. SequenceFileWriteDemo

其中,SS后面括号表示聚类之后得到的几个簇的簇名,即恢复的原子构件的构件名,等号后面代表的是该簇中所包含的所有类的类名。上述文件中恢复的簇有两个,分别是maxtem. MaxTemMapper. ss和SequenceFileWriteDemo. ss。此文件将作为后文中生成原子构件的输入文件,利用聚类出来的簇文件以及系统的源代码来生成相对应的原子构件。

3.2 ACDC软件体系结构逆向技术

ACDC(Algorithm for Comprehension-Driven Clustering)提供了一种理解驱动的软件体系结构恢复方法,通过已识别的七种子系统模式,以及开发的理解驱动的聚类算法,ACDC能结合语义信息,有效地恢复软件系统的软件体系结构。ACDC分为两个阶段对软件系统的源代码进行聚类。在第一个阶段,它通过使用模式驱动的方法基于系统模式列表对程序实体进行聚类,如源文件模式(Source File Pattern)、目录结构模式(Directory Structure Pattern)、正文标题模式(Body-Header Pattern)、叶收集模式(Leaf Collection Pattern)、支持库模式(Support Library Pattern)、中央调度器模式(Central Dispatcher Pattern)和子图支配模式(Subgraph Domainator Pattern)等七种模式,再使用这些模式识别子系统来创建系统的最终分解框架,子系统被赋予适当的名称(子系统名称包含“.ss”)。在第二个阶段,在使用这些模式构造了系统的框架之后,使用孤儿收养[44](Orphan adoption)的方法来聚集剩余的元素,其思想是使用各种标准将这些元素分配到现有的模块之中,如名称的相似性或元素和模块之间的相关性密度。该算法还为结果集群提供了有意义的名称,并限制了每个集群的基数以确保结果集群更易于理解。

具体而言,ACDC方法区别了以下七种子系统模式。

① 源文件模式。根据所使用的编程语言,源文件可能包含一个或多个过程/函数的定义,以及多个变量的声明。如果一个聚类算法试图在过程/变量级别重新聚类,则同一源文件中包含的过程和变量集可以被组合到一个簇中。

② 目录结构模式。一些重要的聚类信息有时被编码在源代码的目录结构中,即目录可能对应于子系统,如 Java 语言中包的概念对应的是文件目录。然而,在实践过程中情况并非总是如此。例如,许多系统包含作为头文件的目录文件。从理解的角度来看,单纯地通过聚类得到簇可能是没有用的,与实际的目录结构没有对应关系。

③ 正文标题模式。许多程序员使用编程语言(如 C 语言)将一个过程分成两个不同的文件(如 C 语言中的 a. c 和 a. h 文件)的方式进行程序设计。这种模式将这些文件集中到一个簇中(通常只包含两个文件)。这是一种特殊类型的子系统,即使不需要,也可以接受低基数。如果能有效地呈现给开发人员,则它可以显著地降低系统结构的复杂性,同时传递的信息量是完整的。

④ 叶收集模式。在软件系统中常见的模式是一组文件,这些文件彼此之间没有连接和相互依赖,但它们的用途相似,如各种外围设备的一组驱动程序。这些文件通常在软件系统图中的以叶节点的形式存在,因此又称"共享邻居" 模式。

⑤ 支持库模式。软件系统通常包含许多被其他子系统访问的过程(这些过程又称"无所不在节点"),支持库模式将这些资源组合到一个子系统中,这通常使发现系统其余部分的结构变得更容易。

⑥ 中央调度器模式。中央调度器模式是一般包含了"支持库模式" 的双重模式。通常,大型软件系统包含少量的、扇出度较大的资源(即依赖于大量的其他资源),如按顺序调用其他过程(如驱动程序)。由于这种结构可能会掩盖系统结构中的其他模式和与其他外部资源相结合,因此有可能会忽略外部资源。

⑦ 子图支配模式。子图支配模式在系统的图 $G=(V,E)$ 中查找特定类型的子图。此子图必须包含一个节点 n_0(称为"支配节点") 和一组节点 $N=n_i, i=1,\cdots,m$(称为"支配集"),这些节点具有以下属性。

a. 不存在从 n_0 到每个 n_i 的一条路径。

b. 对于任何集合 V 中的节点 v,存在从 v 到 N 中其他节点 n_i 的一条路径;存在从 u 到任何 n 的路径 P,满足 $n_0 \in P$ 或者 $v \in N$。

ACDC 算法分两个阶段执行软件系统资源的聚类任务。在第一个阶段,该算法使用模式驱动的方法识别可能存在的子系统,进而恢复软件系统的一个"龙骨" 框架。根据使用的模式,每个子系统被赋予了一个适当的名称(按照惯例,子系统名称包含后缀". ss")。第一个阶段包括源文件聚类、实现体/头文件的聚焦、叶节点收集、支持库识别、有序有限子图控制及"support. ss" 文件的创建。在第二个阶段,ACDC 通过使用扩展的

"孤子适应(Orphan Adoption)"技术来完成最终的分解。常规的孤子适应技术产生的"孤子"数目可能比较多,ACDC通过改进该算法将每个文件放入一个子系统(名为"leaf.ss")或者多个子系统中。

该算法的输入文件格式如下:

```
depends cassandra.cli.CliClient cassandra.service.Cassandra$Client
depends cassandra.cli.CliClient cassandra.cli.CliSessionState
depends cassandra.cli.CliClient cassandra.service.Column
depends cassandra.client.RingCache cassandra.service.Cassandra
depends cassandra.client.RingCache cassandra.service.CassandraServer
depends cassandra.client.RingCache cassandra.service.StorageService
```

其中,depends后接的两个类分别表示当前的类及当前类所引用的类;每一行中的第一个类表示系统中的包含的一个类,第二个类表示第一个类中所引用的类。

该算法的输出文件格式如下:

```
contain cassandra.cli.ss cassandra.cli.CliLexer$DFA9
contain cassandra.cli.ss cassandra.cli.CliLexer
contain cassandra.service.ss cassandra.service.Column$1
contain cassandra.service.ss cassandra.service.InvalidRequestException$1
contain cassandra.service.ss cassandra.service.InvalidRequestException
contain cassandra.service.ss cassandra.db.RecoveryManager
contain cassandra.service.ss cassandra.service.CassandraDaemon$1
contain cassandra.service.ss cassandra.service.CassandraDaemon
contain cassandra.service.ss cassandra.service.ColumnPath
contain cassandra.service.ss cassandra.service.ColumnPath$1
```

其中,contain表示其后两个元素之间的包含关系;每一行中第一个以.ss结尾的表示经过ACDC算法聚类得到的一个构件,其后的一个类表示该构件中所含有的一个类。

第4章 基于图编辑距离的软件体系结构变化度量

4.1 概 述

软件演化是软件不断更新变化的过程,是软件的本质特征之一。软件体系结构作为一类重要的软件制品,不仅起到软件分析设计阶段和软件实现阶段之间的桥梁作用,而且软件体系结构的变化也会对软件的开发和维护产生较大的影响。从软件开发的角度看,对软件体系结构设计决策的忽视及随意地增加、修改和剔除软件构件会引发软件体系结构的衰败,进而导致软件维护的成本大量增加。从软件演化分析的角度看,通过比较不同版本软件体系结构的差异性,不仅可以判断软件体系结构变化是否与软件需求一致,而且可以度量、分析和预测软件演化的趋势。

目前,软件体系结构变化性度量的研究思路主要以图作为软件体系结构的表示基础,通过比较图的差异性来实现软件体系结构变化性的度量。例如,MoJoFM 和 a2a 方法通过对图进行聚类,将软件实体集划分为不同的簇,每个簇被认为是在结构上或者功能上相对比较独立的构件,进而通过度量簇中软件实体的移动和簇的合并操作的最小次数达到度量体系结构差异性的目的。然而,这些方法在度量时只考虑簇中软件实体的变化,未考虑簇(构件)之间关系的变化。而有些方法,如基于图核(Graph Kernel)理论的方法,虽然考虑了软件实体之间的结构特征,但实际上针对的是软件体系结构的实现层次,而非软件体系结构的设计层次。也有些软件差异性比较方法采用了图编辑距离或者树编辑距离,但主要计算面向对象程序或者面向对象模型之间的差异性,而非针对软件体系结构变化本身。

因此,为克服目前软件体系结构变化性度量方法的不足,本书在软件体系结构设计层次既考虑了构件本身的变化,也考虑了软件体系结构在结构上的变化,提出了以软件体系结构为中心的软件演化分析框架,以及针对软件体系结构规约、基于图编辑距离的变化性度量方法,并基于上述方法实现了不同软件体系结构演化相似性的度量。

4.2 变化的表示及度量

本书相关研究涉及跨版本的软件变化性研究,主要包括变化的表示及变化的度量。

1. 变化的表示

变化的表示即将不同软件版本的差异性用某种形式(如规约语言)加以描述。例如,Hashimoto 等提出了在源代码级别识别变化模式的方法,即计算不同程序版本在抽象语法树上的插入、删除和移动操作集合,并将其用逻辑形式加以表示,以本体的形式存储在数据库中。Buse 等提出了一种自动的程序差异性文档生成算法,生成的文档具有结构化、易读的特点。Kim 等采用静态分析方法,提出了用变化规则集合表示不同版本之间结构(主要针对类、方法和包的名字替换,参数增加、删除等)上的变化。Raymond 等采用符号执行和代码总结(Code Sumarization)的策略自动记录程序的变化。与上述通过比较不同版本进而构造变化表示的方法不同,有些方法提供在软件开发过程中直接捕获变化的机制。例如,Le 等采用动态分析方法,提出了变化契约的概念及动态的变化契约推理框架,该框架通过程序运行捕获的方法,能在进入、退出和捕获异常等情况下获取相应数据,进而归纳出变化契约。另外,国内研究者对软件的变化信息也进行了研究,比较典型的是王金水等提出的一种结合关键字检索和启发式规则,实现多层次演化信息之间追踪关系逆向的方法,还有 Jiang 等通过对代码变化进行分组和聚类,发现变化的轨迹模式。

2. 变化的度量

一般来说,软件的度量主要针对的是单一版本在软件规模、复杂性、内聚和耦合等方面的度量。例如,Emanue 等为度量开源系统的开发质量,提出了“模块化系数(Modularity Index)”的概念,将面向对象程序中对类的质量、包的质量及软件体系结构的度量统一到一个度量。随着对软件变化研究的深入,研究者也意识到需要考虑软件变化对软件质量的影响,本书考虑面向对象程序或模型,以及软件体系结构层次的变化度量。

(1) 面向对象的程序或模型的变化度量。

JDiff 工具用扩展的控制流图(Control Flow Graph,CFG)表示面向对象的程序,通过差异性算法比较不同程序版本在方法层次的差异性。Xing 等设计了 UMLDiff 工具,该工具通过计算不同 UML 图之间的编辑距离代价判断 UML 图之间的差异性。而 Arbuckle 和 Hayase 分别提出了采用信息理论中基于 Kolmogorov 复杂性的共享信息数量来度量不同软件制品的相似性。不同于计算语法树或者模型之间的变换来度量变化,Buse 和 Maoz 则提出了语义差异性操作(Semantic Differencing Operator),能识别不同类图、活动图等语义上的差别。

(2) 软件体系结构层次的变化度量。

Ambros 提出了一种在代码和软件体系结构层次存储和可视化软件演化信息的机制,即产品历史数据库,并且从度量和可视化角度进行了软件演化的分析。Durisic 则提出了针对软件体系结构视图的复杂性度量和耦合性度量,并分析了软件变化对软件体系结构的影响。黄万良提出了利用构件组合运算度量软件体系结构可演化性的方法,但该方法主要考虑的是单个软件版本中构件变化所引发的波动效应。Nakamura 提出了基于图核

(Graph Kernel) 理论和结构特征的软件体系结构距离度量方法,即将软件体系结构表示为标签图(Label Graph),将采用随机行走算法获得的一组路径作为软件体系结构的特征向量,进而使用图核理论度量不同软件体系结构之间的差异性。但是,该方法中的标签图实际表示的是类的依赖关系,因此度量的是软件体系结构在实现上的变化,而不是软件体系结构本身的变化。MoJoFM 是一种判断不同软件划分相似性的度量公式,将软件划分看作由若干簇构成,每个簇包含若干节点,通过计算节点移动和簇合并操作的最小操作步数,可以判断两个不同划分的相似程度。Behnamghader 提出了软件体系结构变化公式 a2a,用来度量软件体系结构的差异,以及分别度量面向对象程序在包(Package)、结构簇(Structural Cluster) 和语义簇(Semantic Cluster) 三个视图的差异性,进而实现软件设计质量偏差的监督。但是,这些方法建立在 MoJoFM 度量的基础上,没有考虑节点之间关系,而仅仅考虑簇的换名和增加及节点的换名、增加和移动五个操作,导致计算结果不够准确。

4.3　以软件体系结构为中心的构件化软件演化分析框架

为有效地支持构件化软件的开发和演化,本书作者在早期研究中提出了扩充构件描述语言(xCDL) 支持基于构件的系统组装与演化的策略,不仅可以有效地支持基于构件的系统构造定义,而且可以支持系统的演化以及系统的部署。其中关键技术包括:扩充了 CDL 以支持对构件及软件体系结构本身演化的表示和跟踪,通过基于构件的软件配置管理模型 CBSCM,实现对构件化软件演化数据的存储。基于上述思想和关键技术,本书进一步提出了以软件体系结构为中心的构件化软件演化分析框架,如图 4.1 所示。

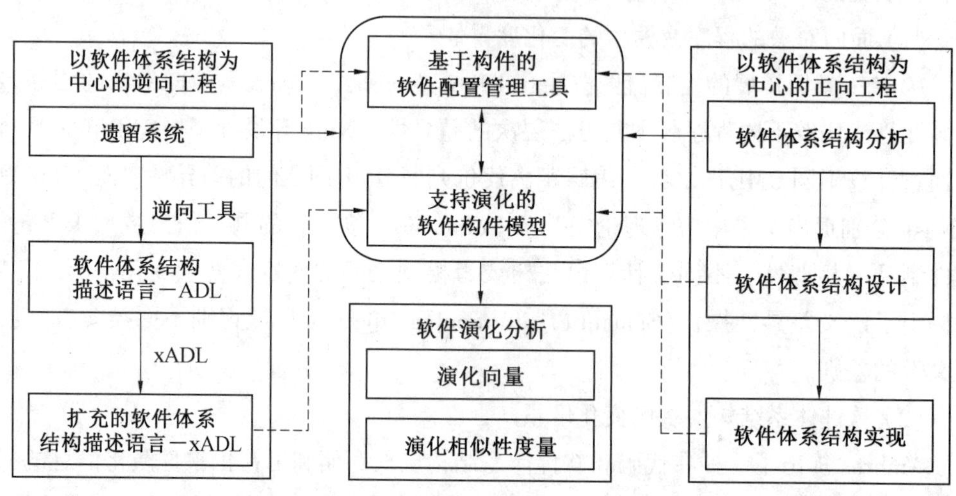

图 4.1　以软件体系结构为中心的构件化软件演化分析框架

整个框架分为三个部分,包括以软件体系结构为中心的正向工程、以软件体系结构为中心的逆向工程和软件演化分析。其中,以软件体系结构为中心的正向工程所产生的软件制品,如每个版本的软件体系结构描述、软件体系结构实现等,均存储在基于构件的软件配置管理系统中;而以软件体系结构为中心的逆向工程通过现有的逆向工具,对遗留系统的演化历史进行软件体系结构层次的重建,构造出带版本信息的软件体系结构描述,并将其存储在基于构件的软件配置管理系统中;软件演化分析则通过提取基于构件的软件配置管理系统中存储的带版本信息的软件体系结构描述,度量相邻版本之间的变化性,并实现对不同软件系统的演化相似性度量。

4.4　软件体系结构变化性度量

4.4.1　软件体系结构的属性图

软件体系结构可以用多种方法加以描述,如软件体系结构描述语言或者图。为实现基于图的软件体系结构变化性的度量,本书通过对软件体系结构描述语言进行解析,构造出其对应的属性图,属性图中刻画了软件体系结构元素之间的关系,相关定义如下(图 4.2)。

定义 1　软件体系结构属性图:$G = \langle V, E, \mathrm{LV}, \mathrm{LE} \rangle$ 是一个四元组。其中,V 表示节点集合;E 表示边的集合;LV 表示节点的标签映射函数;LE 表示边的标签映射函数。在软件体系结构的语境下,节点集合、边的集合、节点的标签映射函数及边的标签映射函数定义如下。

定义 2　节点集合 V:节点集合 V 表示软件体系结构中的构件(包括复合构件与原子构件)、构件实例、每个构件对外提供的方法及实例、对外所需的方法及实例,以及版本信息(如版本号)。其中,方法的实例是为区分具有相同类型的不同构件实例中的方法。例如,图 4.2(b) 中的节点 $S2$ 是方法 Semantize 的实例。

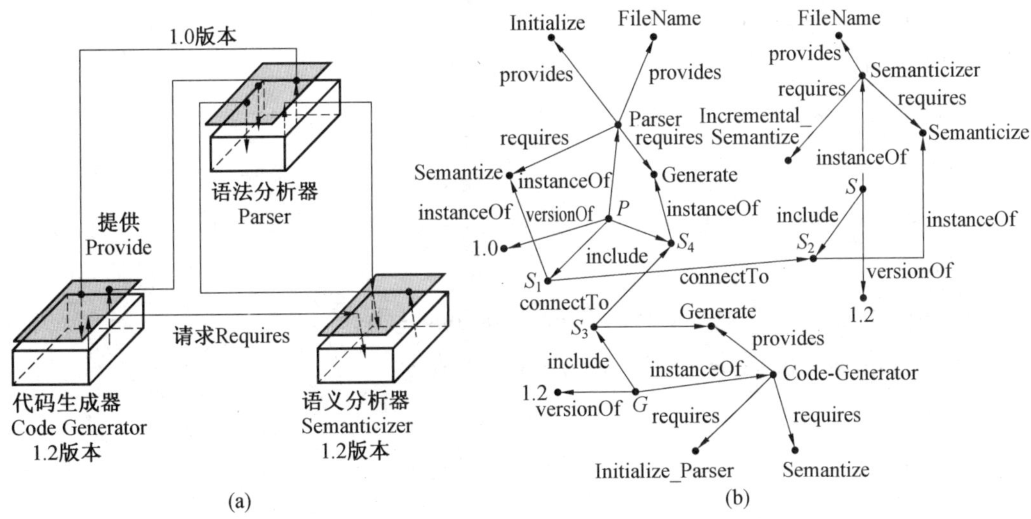

图 4.2　编译系统概念图及其体系结构的属性图表示

定义3 边的集合E:边的集合E表示节点之间的关系,根据构件、方法和版本之间的关系,可以区分为方法之间的连接关系、方法之间的映射关系、复合构件和原子构件之间的组成关系、构件与版本之间的版本关系、构件与其实例之间的实例关系,以及构件和方法之间的对外所需的功能、对外提供的功能及构件的版本关系。

定义4 节点的标签映射函数LV:节点的标签映射函数LV定义为LV:$V \to$ String,即节点到字符串的映射。字符串可以表示构件名称、方法名称及版本号等。

定义5 边的标签映射函数LE:边的标签映射函数LE将上述边的类型通过函数映射到具体的字符串,即

LE:E → {"connectTo", "mapTo", "composeOf", "versionOf", "instanceOf", "requires", "provides", "versionOf" }。其中,connectTo表示构件实例之间方法的连接关系;mapTo表示复合构件与成员构件之间方法的映射关系;composeOf表示复合构件与成员构件的包含关系;instanceOf表示构件与构件实例的实例关系;requires和provides表示构件与方法需要和提供的关系;versionOf表示构件的版本关系。

例如,考虑一个编译系统的概念结构,如图4.2(a)所示,相应的用xCDL描述的软件体系结构如下:

```
component Parser < Version = 1.0 > is
  provides:
  function Initialize( );
  function FileName( ) return String;
    requires:
  function Semantize(Tree);
    function Generate(Tree);
end Parser;
component Semanticizer < Version = 1.2, > is
  provides:
  function Semantize(Tree);
  function
Incremental_Semantize(Context : Tree; Addition : Tree);
    requires:  function FileName( ) return String;
end Semanticizer;
component Code_Generator < Version = 1.2 > is
provides:
  function Generate(Tree);
```

```
requires:
  function Initialize_Parser( );
  function Semantize( Context : Tree; Addition : Tree);
end Code_Generator;
componentComplier < Version = 2.1 >
  PreLink:Complier < Version = 1.8 >
  Reference:
  Parser, Semanticizer, Code_Generator;
  Instance:
  P: Parser < Version = 1.0 >;
  S: Semanticizer < Version = 1.2 >;
  G: Code_Generator < Version = 1.2 >
Connection:
  P. Semantize to S. Semantize;
  P. Generate to G. Generate;
  S. FileName to P. FileName;
  G. Initialize_Parser to P. Initialize;
  G. Semantize to S. Incremental_Semantize;
EndComplier
```

其经过解析后得到的软件体系结构属性图如图 4.2(b) 所示。

4.4.2　基于图编辑距离的变化性度量

基于上述软件体系结构属性图,本节采用图编辑距离的方法度量软件体系结构的变化性。图的编辑距离是指使用节点和边的替换、增加和剔除操作,将图 g_1 转换为图 g_2 所需要的最小代价,存在多种计算图编辑距离的算法,其中二分图的编辑距离算法将图的编辑距离看作二次分配问题,能有效计算图的编辑距离。

为使用二分图编辑距离算法,需要定义节点和边关于插入、删除及替换操作的编辑代价,同时需要满足图编辑距离的三角不等式关系。在本书软件体系结构属性图中,节点的标签对应的是软件体系结构描述语言中元素的标识符,如构件的名称、接口的名称和版本号(以字符串形式表示,如"2.31")等;边的标签对应的是枚举类型。因此,节点之间和边之间的编辑代价定义如下。

定义 6　节点之间的编辑代价 C_{ij}:C_{ij} 区分为替换代价、删除代价和插入代价三种,即

$$c(V_i \to V_j) = \text{stringEditDistance}(\text{LV}(V_i), \text{LV}(V_j))$$

$$c(V_i \to \varepsilon) = c(\varepsilon \to V_i) = \mathrm{strlen}(V_i)$$

式中，$\mathrm{LV}(V_i)$、$\mathrm{LV}(V_j)$ 分别为节点 V_i、V_j 的标签，即节点的替换操作代价 $c(V_i \to V_j)$ 为字符串 $\mathrm{LV}(V_i)$ 和 $\mathrm{LV}(V_j)$ 之间的编辑距离；增加操作代价 $c(\varepsilon \to V_i)$ 和删除编辑代价 $c(V_i \to \varepsilon)$ 为字符串 $\mathrm{LV}(V_i)$ 的长度，一般取

$$c(V_i \to V_j) = \min\{(c(V_i \to \varepsilon) + c(\varepsilon \to V_j), c(V_i \to V_j)\}$$

可以满足图编辑距离所需的三角不等式关系。显然，在以字符串的编辑距离作为编辑代价的前提下，可以证明

$$c(V_i \to V_j) = \min\{c(V_i \to \varepsilon) + c(\varepsilon \to V_j), c(V_i \to V_j)\}$$

定义 7　边之间的编辑代价：

$$c(E_i \to E_j) = \mathrm{if}(\mathrm{LE}(E_i) = \mathrm{LE}(E_j)):0:1$$

$$c(E_i \to \varepsilon) = c(\varepsilon \to E_i) = 1$$

即若 E_i 的标签 $\mathrm{LE}(E_i)$ 与 E_j 的标签 $\mathrm{LE}(E_j)$ 相同，则替换代价为 0，否则为 1。边的增加和剔除操作代价定义为 1。显然，边的编辑代价也满足三角不等式关系。

定义 8　扩展的节点之间编辑代价 C_{ij}^*：考虑到图的结构信息，本书扩充了编辑代价的定义，将边之间的编辑代价纳入节点之间的编辑代价中，即

$$C_{ij}^* = C_{ij} + \min_{(\varphi_1, \cdots, \varphi(n+m)) \in \delta(n+m)} \sum_{k=1}^{n+m} (c(a_{ik} \to b_{j\varphi_k}) + c(a_{kj} \to b_{\varphi_k j})) \tag{4.1}$$

显然，任意两个节点之间的编辑代价 C_{ij}^* 与原来节点之间编辑代价 C_{ij}、节点 V_i 的出边集合与节点 V_j 的出边集合的最小编辑代价和，以及节点 V_i 的入边集合与节点 V_j 的入边集合的最小编辑代价和有关。

定义 9　软件体系结构变化性度量 $\mathrm{EP}_S(i)$：软件体系结构变化性度量 $\mathrm{EP}_S(i)$ 表示软件系统 S 的软件体系结构从第 $i-1$ 版本到第 i 版本的变化度量值。其中，$e_1, \cdots, e_k$ 是节点之间的编辑操作，其编辑操作的代价由扩展的节点之间编辑代价 $C_{V(g_{i-1})V(g_i)}^*$ 决定，公式为

$$\mathrm{EP}_S(i) = \min_{(e_1, \cdots, e_k) \in P(g_{i-1}, g_i)} \sum_{i=1}^{k} c(e_i), \quad c(e_i) \in C_{k_1 k_2}^*, 0 < k_1 \leqslant |V(g_{i-1})|, 0 < k_2 \leqslant |V(g_i)| \tag{4.2}$$

例如，考虑如下编译系统的演化历史（图 4.3）。

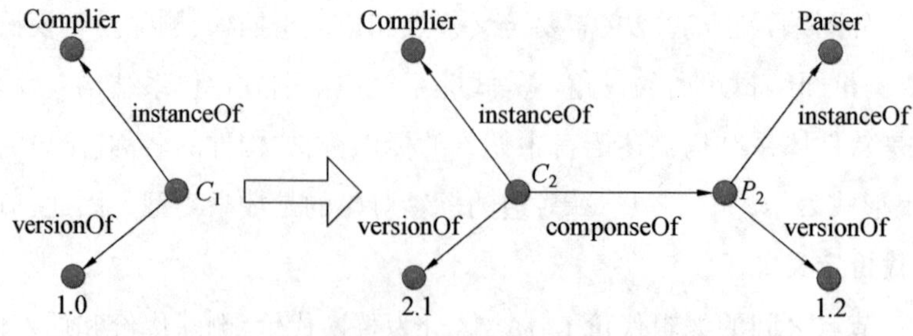

图 4.3　两个版本的编译器体系结构（用属性图表示）

节点的代价矩阵为

$$
c(V,\ V)=\begin{bmatrix}
 & \text{Complier} & C_2 & 2.1 & \text{Parser} & P_2 & 1.2 & \varepsilon & \varepsilon & \varepsilon \\
\text{Complier} & 0 & 7 & 8 & 6 & 8 & 8 & 8 & \infty & \infty \\
C_1 & 7 & 1 & 2 & 6 & 2 & 3 & \infty & 2 & \infty \\
1.0 & 8 & 3 & 2 & 6 & 3 & 1 & \infty & \infty & 3 \\
\varepsilon & 8 & \infty & \infty & \infty & \infty & \infty & 0 & 0 & 0 \\
\varepsilon & \infty & 2 & \infty & \infty & \infty & \infty & 0 & 0 & 0 \\
\varepsilon & \infty & \infty & 3 & \infty & \infty & \infty & 0 & 0 & 0 \\
\varepsilon & \infty & \infty & \infty & 6 & \infty & \infty & 0 & 0 & 0 \\
\varepsilon & \infty & \infty & \infty & \infty & 2 & \infty & 0 & 0 & 0 \\
\varepsilon & \infty & \infty & \infty & \infty & \infty & 3 & 0 & 0 & 0
\end{bmatrix}
$$

$$
c(E,E)=\begin{bmatrix}
 & \text{versionOf} & \text{instanceOf} & \text{composeOf} & \varepsilon & \varepsilon \\
\text{versionOf} & 0 & 1 & 1 & 1 & \infty \\
\text{instanceOf} & 1 & 0 & 1 & \infty & 1 \\
\varepsilon & 1 & \infty & \infty & 0 & 0 \\
\varepsilon & \infty & 1 & \infty & 0 & 0 \\
\varepsilon & \infty & \infty & 1 & 0 & 0
\end{bmatrix}
$$

考虑边的关系，则新的代价矩阵为

$c^*(V,\ V)=$

$$
\begin{bmatrix}
 & \text{Complier} & C_2 & 2.1 & \text{Parser} & P_2 & 1.2 & \varepsilon & \varepsilon & \varepsilon \\
\text{Complier} & 0+0=0 & 7+4=11 & 8+1=9 & 6+0=6 & 8+3=11 & 8+1=9 & 8+1=9 & \infty & \infty \\
C_1 & 7+3=10 & 1+1=2 & 2+3=5 & 6+3=9 & 2+1=3 & 3+3=6 & \infty & 2+2=4 & \infty \\
1.0 & 8+1=9 & 3+4=7 & 2+0=2 & 6+1=7 & 3+3=6 & 1+0=1 & \infty & \infty & 3+1=4 \\
\varepsilon & 8+1=9 & \infty & \infty & \infty & \infty & \infty & 0 & 0 & 0 \\
\varepsilon & \infty & 2+3=5 & \infty & \infty & \infty & \infty & 0 & 0 & 0 \\
\varepsilon & \infty & \infty & 3+1=4 & \infty & \infty & \infty & 0 & 0 & 0 \\
\varepsilon & \infty & \infty & \infty & 6+1=7 & \infty & \infty & 0 & 0 & 0 \\
\varepsilon & \infty & \infty & \infty & \infty & 2+3=5 & \infty & 0 & 0 & 0 \\
\varepsilon & \infty & \infty & \infty & \infty & \infty & 3+1=4 & 0 & 0 & 0
\end{bmatrix}
$$

计算可得编辑路径为

$$
\begin{aligned}
p(1,2,3,7,8,9)=\{&(\text{Complier}\rightarrow\text{Complier}),(C_1\rightarrow C_2),(1.0\rightarrow 1.2),\\
&(\varepsilon\rightarrow 2.1),(\varepsilon\rightarrow\text{Parser}),(\varepsilon\rightarrow P_2)\}
\end{aligned}
$$

对应的编辑代价为

$$
c^*(p(1,2,3,7,8,9))=0+2+1+4+7+5=19
$$

此时，该编译器变化性度量值为编辑代价 19。

4.5 应用:开源软件体系结构演化分析

4.5.1 演化度量

为对开源软件体系结构进行演化分析,本节在软件体系结构变化性度量 $EP(S,i)$ 的基础上定义了两个度量指标,即 LEP 和 EEP。

(1)LEP 衡量软件系统的近期变化,反映的是系统总的变化。该度量从系统全局的角度来分析,重点关注最新版本的变化,对每个版本的 EP 增加权重函数 $2^{i-\text{maxRank}}$(maxRank 为参与度量最新版本对应的序列号),统计系统从初始版本到最新版本的所有版本属性变化的加权总和,即系统 S 从第 i 个版本到第 j 个版本的 EP 加权求和,定义为

$$\text{LEP}_S(i,j)=\sum_{k=i}^{j}\text{EP}_S(k)\times 2^{k-j},\quad 1\leqslant i\leqslant k\leqslant j\leqslant \text{maxRank} \tag{4.3}$$

(2)EEP 主要衡量软件系统的早期变化,同样反映的是系统总的变化。该度量从系统全局的角度分析,重点关注较早版本的变化,对每个版本的 EP 增加权重函数 $2^{\text{minRank}-i}$(minRank 为参与度量早期版本对应的序列号),统计系统从初始版本到最新版本所有的版本属性变化的加权总和,即系统 S 从第 i 个版本到第 j 个版本的 EP 的加权求和,定义为

$$\text{EEP}_S(i,j)=\sum_{k=i}^{j}\text{EP}_S(k)\times 2^{i-k},\quad \text{minRank}\leqslant i\leqslant k\leqslant j \tag{4.4}$$

实验过程下载了四个开源软件系统的源代码及第三方提供的实验数据作为本书的实验基础,这四个系统分别为 cassandra、HBase、hive 和 OpenJPA。其中,cassandra 和 hive 这两个系统各使用了 8 个版本;HBase 和 OpenJPA 这两个系统各使用了 12 个版本,其中版本标签是 GitHub 中设定的版本号,编制的版本号是按照提取的开源系统版本重新按序编排(从 1 开始)的。实验中首先计算系统每个版本的 EP 值和系统的总 LEP 值/EEP 值。为度量每个系统内部的变化过程,分别计算每个系统的前 i 个版本的 LEP 值/EEP 值,即 $\text{LEP}(1,i)$ 和 $\text{EEP}(1,i)$。具体计算结果见表 4.1 ~ 4.4。

表 4.1 cassandra 变化数据

版本标签	0.3.0	0.4.1	0.5.1	0.6.2	0.6.5	0.7.0	0.7.5	0.7.8
编制的版本号 i	1	2	3	4	5	6	7	8
$\text{EP}(i)$	9 464	1 687	1 175	7 455	1 365	8 242	3 162	981
$\text{LEP}(1,i)$	9 464	6 419	4 384.5	9 647.25	6 188.625	11 336.312 5	8 830.156 25	5 396.078 125
$\text{EEP}(1,i)$	9 464	10 307.5	10 601.25	11 533.125	11 618.437 5	11 876	11 925.406 25	11 933.070 31
总 LEP	5 396.078 125							
总 EEP	11 933.070 31							

表 4.2　HBase 变化数据

版本标签	0.1.0	0.1.3	0.18.0	0.19.0	0.19.3	0.20.2	0.89 - 0625
编制的版本号 i	1	2	3	4	5	6	7
EP(i)	3 386	85	6 647	1 126	1 757	4 521	2 909
LEP(1,i)	3 386	1 778	7 536	4 894	4 204	6 623	6 220.5
EEP(1,i)	3 386	3 428.5	5 090.25	5 231	5 340.812 5	5 482.093 75	5 527.546 875

版本标签	0.89 - 1005	0.90.2	0.90.4	0.92.0	0.94.0
编制的版本号 i	8	9	10	11	12
EP(i)	4 124	5 506	1 249	9 147	4 353
LEP(1,i)	7 234.25	9 123.125	5 810.562 5	12 052.281 25	10 379.140 63
EEP(1,i)	5 559.765 625	5 581.273 438	5 583.712 891	5 592.645 508	5 594.770 996
总 LEP	10 379.140 63				
总 EEP	5 594.770 996				

表 4.3　hive 变化数据

版本号	0.3.0	0.4.1	0.5.0	0.6.0	0.7.0	0.7.1	0.8.1	0.9.0
编制的版本号 i	1	2	3	4	5	6	7	8
EP(i)	7 449	12 127	1 380	3 305	6 426	1 502	8 016	1 492
LEP(1,i)	7 449	15 851.5	9 305.75	7 957.875	10 404.937 5	6 704.468 75	11 368.234 38	7 176.117 188
EEP(1,i)	7 449	13 512.5	13 857.5	14 270.625	14 672.25	14 719.187 5	14 844.437 5	14 856.093 75
总 LEP	7 176.117 188							
总 EEP	14 856.093 75							

表 4.4　OpenJPA 变化数据

版本号	1.0.1	1.0.3	1.1.0	1.2.0	1.2.1	1.2.2	2.0.0
编制的版本号 i	1	2	3	4	5	6	7
EP(i)	35 290	1 190	2 006	2 489	2 060	3 163	8 194
LEP(1,i)	35 290	18 835	11 423.5	8 200.75	6 160.375	6 243.187 5	11 315.593 75
EEP(1,i)	35 290	35 885	36 386.5	36 697.625	36 826.375	36 925.218 75	37 053.25

版本号	2.0.0 - M3	2.0.1	2.1.0	2.1.1	2.2.0
编制的版本号 i	8	9	10	11	12
EP(i)	3 926	1 276	2 279	1 549	2 103
LEP(1,i)	9 583.796 875	6 067.898 438	5 312.949 219	4 205.474 609	4 205.737 305
EEP(1,i)	37 083.921 88	37 088.906 25	37 093.357 42	37 094.870 12	37 095.896 97
总 LEP	4 205.737 305				
总 EEP	37 095.896 97				

4.5.2　系统间演化度量分析

根据表4.1 ~ 4.4中的EP值,分别画出各个系统演化的EP值的折线图(图4.4)。根据总 LEP 值 /EEP 值,画出各个系统整体 LEP 值 /EEP 值柱状图(图 4.5)。

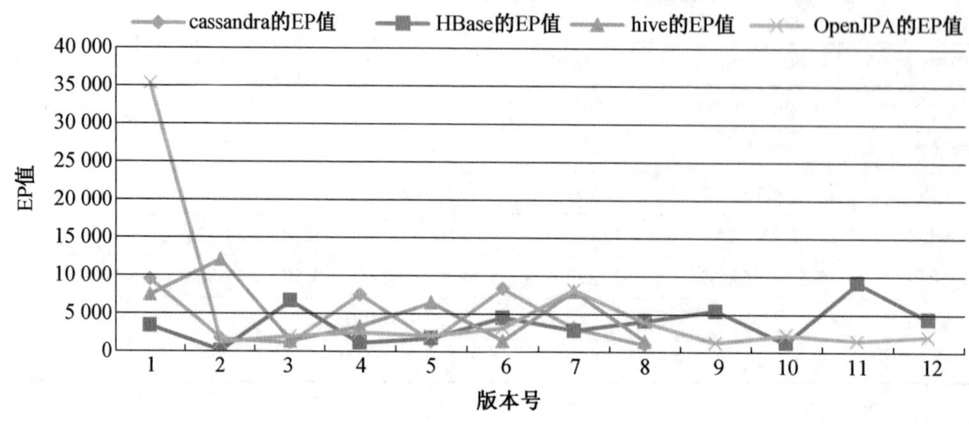

图 4.4　四个开源系统的 EP 值比较

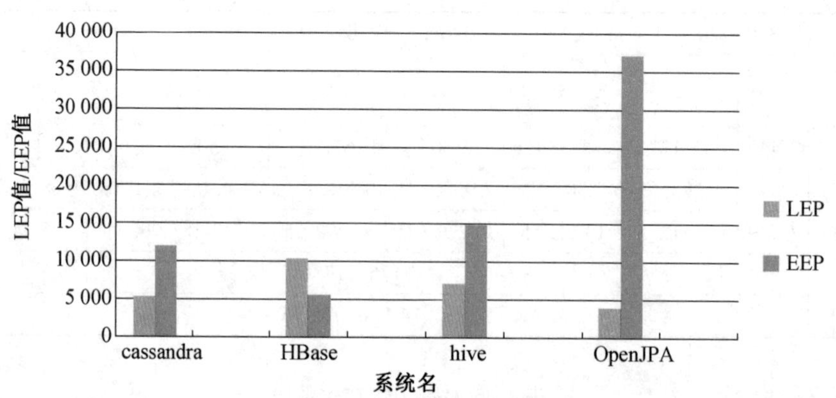

图 4.5　四个开源系统的 LEP/EEP 比较

通过对图 4.4 和图 4.5 的分析,即对四个软件系统之间的变化进行分析,可以得出以下结论。

(1) 图 4.4 中每条折线的第一个点值的大小反映了该软件系统初始版本的体系结构的大小。从图 4.4 中可以看出,casscandra、HBase 和 hive 这三个系统的初始版本的体系结构相对较小,其体系结构演化 EP 值都在 10 000 以内,而 OpenJPA 的初始版本的体系结构相对较大,其体系结构演化 EP 值超过了 35 000。此外,cassandra 中 EP 值大于第一个版本的 EP 值的一半的版本有 2 个,占版本总个数的 25% ;HBase 中有 8 个,占总个数的 75% ;hive 中有 3 个,占总个数的 37.5% ;OpenJPA 中有 0 个,占总个数的 0% 。从这个数据中可以看出,这四个系统中,HBase 变化最大,OpenJPA 变化最小,cassandra 和 hive 变化程度比较接近。

(2) 按照 LEP 和 EEP 的定义,值越大表示软件变化越大。从图 4.5 中可以看出,

HBase 的 LEP 值最大,表示该系统的近期变化在这四个系统中是最大的;OpenJPA 系统的 LEP 值最小,EEP 值最大,表示该系统的近期变化在这四个系统中是最小的,早期变化是最大的;另外,cassandra 和 hive 这两个系统的 LEP 值和 EEP 值都比较接近,说明这两个系统的近期和早期变化程度较为接近。

根据表 4.1 ~ 4.4 中的每个系统的 EP 值,画出对应的 EP 值折线和趋势线图(图 4.6)。

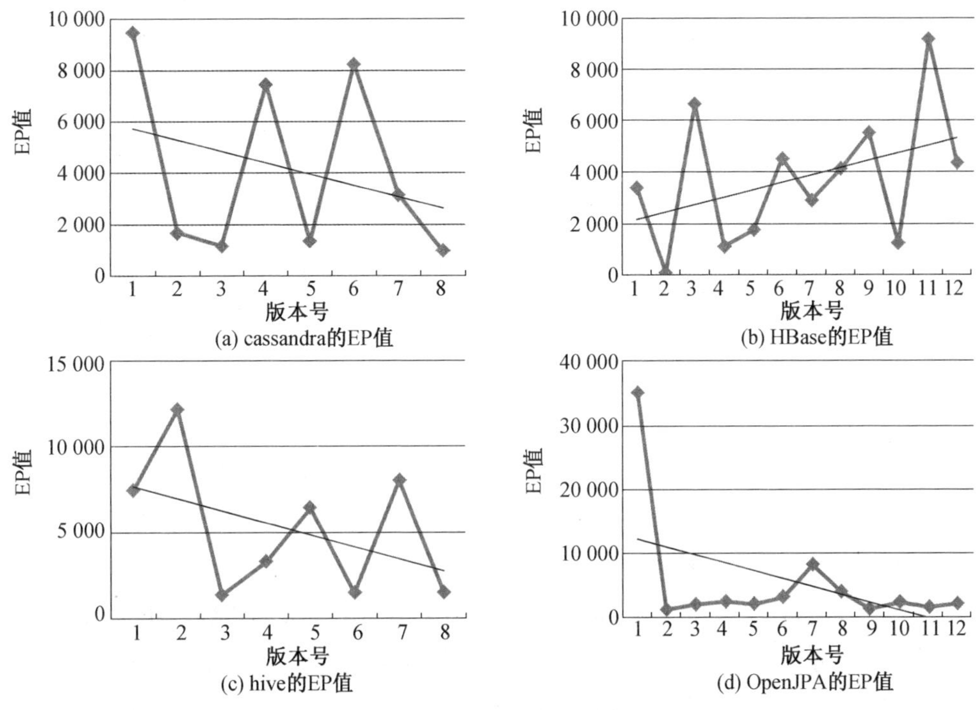

图 4.6　四个开源软件的 EP 值折线及趋势线图

对比分析这四个系统的 EP 值折线和趋势线,可以得出以下结论:cassandra、hive 和 OpenJPA 这三个系统的趋势线呈下降趋势,说明这三个系统在演化过程中的变化越来越小;从趋势线下降的程度分析,这三个系统的趋势线下降的程度依次变大,说明 OpenJPA 的变化最为稳定;而 HBase 这个系统的演化趋势线呈上升趋势,说明该系统在演化的过程中变化程度越来越大。

小结:通过从 EP 值、LEP 值及 EEP 值三个方面对以上四个系统之间的演化分析可知,这四个系统中,HBase 不仅变化程度是最大的,而且变化在持续增大;OpenJPA 变化程度是最小的,且是稳定变化;cassandra 和 hive 这两个系统相对于 HBase 和 OpenJPA,变化程度较为不稳定。

4.5.3　系统内部演化度量分析

根据表 4.1 ~ 4.4 中的前 i 个版本的 LEP 值 /EEP 值,画出系统各自对应的 LEP 值 /EEP 值折线图(图 4.7)。

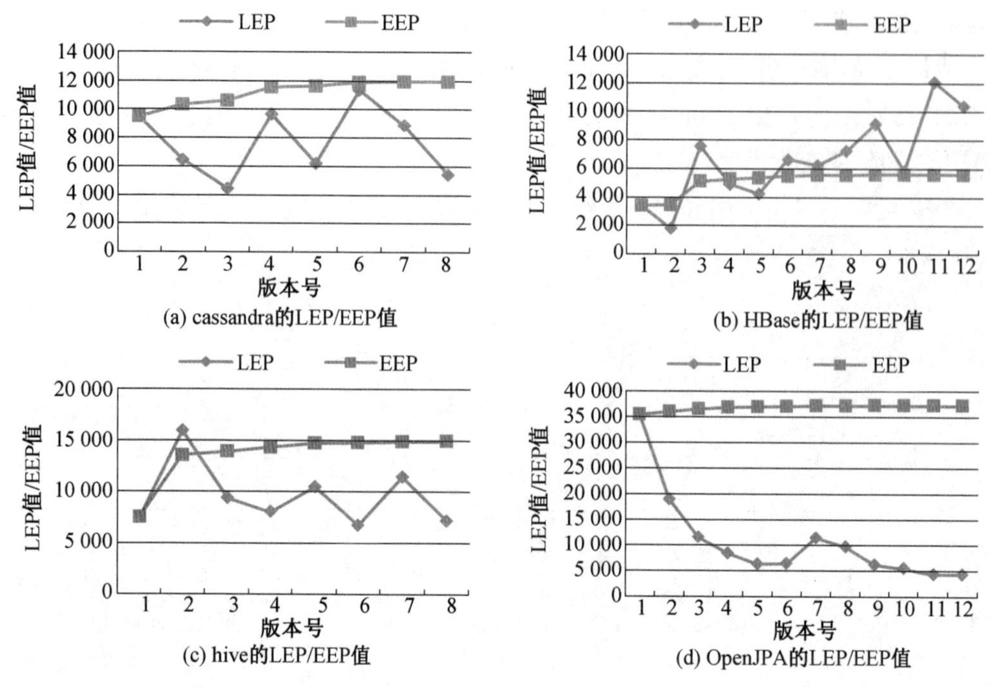

图 4.7　四个开源软件前 i 个版本 LEP 值/EEP 值折线图

通过对前 i 个版本的软件系统 LEP 值/EEP 值的计算，可以分析版本增加对系统早期和近期变化程度的影响。LEP 值变大说明近期版本的变化较大；反之，EEP 值变大说明该系统早期版本变化较大。通过对图 4.7 的分析，可以得出以下结论。

(1) 由图4.7(a) 可知，cassandra 系统的 LEP 值呈上下波动趋势，说明该系统的演化处于不稳定趋势，但是 LEP(1,4) 值和 LEP(1,6) 值突然增大，说明系统第4个版本和第6个版本变化较大。cassandra 的 EEP(1,6) 明显变大，随后变化不明显，说明该系统演化到第 6 个版本的时候早期变化较大，此后早期变化比较稳定。

(2) 由图4.7(b) 可知，HBase 系统的 LEP 值呈增长趋势，说明该系统的变化处于增长趋势，但是 LEP(1,3)、LEP(1,6)、LEP(1,9) 和 LEP(1,11) 值突然增大，说明这个系统的第 3、6、9、11 个版本变化较大。HBase 的 EEP(1,3) 突然增大，随后的 EEP 值变化不明显，说明该系统演化到第 3 个版本的时候早期变化很大，此后早期变化比较稳定。

(3) 由图4.7(c) 可知，hive 系统的 LEP 值呈上下波动趋势，说明该系统的演化处于不稳定状态。但是 LEP(1,2)、LEP(1,5) 和 LEP(1,7) 突然增大，说明该系统的第 2、5、7 个版本的变化较大。hive 的演化到第 2 个版本时变化 EEP 值突然增大，随后 EEP 值明显变大，然后变化不明显，说明该系统演化到第2个版本的时候早期变化较大，从第3个版本到第 5 个版本的演化过程中，早期变化较为明显，随后早期变化比较稳定。

(4) 由图4.7(d) 可知，OpenJPA 系统的 LEP 值呈下降趋势，说明该系统的变化逐渐减少，只是第7个版本上出现较大变化。OpenJPA 的 EEP 值开始变化较为明显，随后变化不明显，说明该系统发展到第 3 个版本的时候早期变化较为明显，随后早期变化比较稳定。

根据对表4.1 ~ 4.4中每个系统EP值的分析,可以得出如下结论:cassandra的这8个版本一共经历了3个变化减小和2个变化增大的过程;HBase的这12个版本一共经历了5个变化减小和4个变化增大的过程;hive的这8个版本一共经历了3个变化减小和3个变化增大的过程;OpenJPA的这12个版本一共经历了4个变化减小和4个变化增大的过程。

通过从EP值、LEP值和EEP值对以上四个开源系统进行演化度量可知,这四个系统中,cassandra的演化过程是不稳定变化的,在第4和第6个版本时变化大幅度增大;HBase的演化过程是变化持续增大的,其中在第3和第11个版本时变化大幅度增大;hive的演化过程是不稳定变化的,在第2和第7个版本时变化大幅度增大;OpenJPA的演化过程是稳定变化的,除在第7个版本处有小幅度的变化增大外,其他版本的变化程度逐渐变小。

4.6　工 具 支 持

为支持构件化软件的演化分析,本书开发了相应的支持工具(图4.8),包括软件体系结构规约重建、xCDL图的属性图表示、编辑距离的计算及演化相似性比较等主要功能。

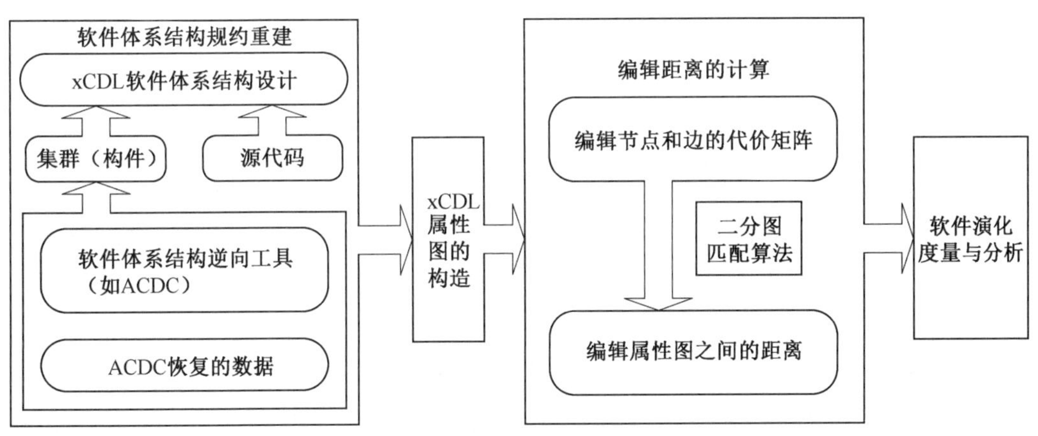

图4.8　系统结构图

(1) 软件体系结构规约重建功能主要负责从源代码恢复用xCDL表示的软件体系结构。这部分功能主要借助现有的软件体系结构逆向工具(如ACDC方法),或者借助已有的基于ACDC恢复的数据。在恢复时不仅产生簇(构件),而且借助源程序构造体系结构中构件之间的连接关系及版本信息。

(2)xCDL的属性图表示通过解析xCDL或者在逆向生成xCDL时,构造软件体系结构的图结构。

(3) 编辑距离的计算通过分析属性图中的节点和边关系,构造节点的编辑代价矩阵和边的编辑代价矩阵,利用二分图匹配算法计算图之间的编辑距离。

(4) 演化相似比较给定不同系统在软件演化过程中的一组软件体系结构规约,分别计算其相邻版本的软件体系结构编辑距离,并基于三角余弦度量公式,计算软件体系结构在一段时间内的演化相似性。

4.7　本章小结

对软件体系结构变化性进行度量,能够帮助软件开发人员在较高层次理解软件不同版本之间的差异性和系统内部或者系统之间的变化程度。为克服传统软件体系结构变化性度量方法只考虑软件实体元素变化的不足,本章将软件体系结构映射为属性图,通过度量不同图之间结构上的差异性,达到实现软件体系结构差异性比较的目的。同时,基于上述方法,以四个开源软件作为实验对象,从软件版本变化、软件最新变化和软件早期变化等角度分别对四个系统内部变化程度及系统之间变化的程度进行了分析。实验表明,通过以上方法,可以分析开源软件在软件体系结构层次上的变化程度及其稳定性。

第 5 章　基于体系结构的构件化软件演化历史逆向

5.1　概　　述

软件体系结构对于软件的理解、开发及维护都极其重要。在现今的构件化软件系统中,一个复杂大型的软件系统是由若干个多个软件构件组成的,本书将组成软件系统的构件称为原子构件,软件系统本身就可以看作一个由多个原子构件及其之间的依赖关系组成的复合构件。

本章将主要介绍构件化软件演化历史的定义,以及原子构件和复合构件的演化历史的恢复方法。由于现存的版本控制管理系统中存有大量的软件演化历史信息(主要为软件项目的源代码),但是其中并没有存储构件的演化历史信息,因此本章将利用这些软件演化过程中留存下来的源代码恢复软件系统及其组成构件的演化历史,以一棵演化二叉树的形态表示。主要方法流程如下。

(1) 从版本控制管理系统中得到软件系统的源代码,通过类依赖关系分析工具分析源代码的类关系依赖情况,得到系统的类关系依赖图。

(2) 对类关系依赖图进行筛选,去除掉一些依赖的公共类(如 jdk 中的类),得到筛选后的类关系依赖图。

(3) 利用体系结构逆向工具,通过类关系依赖图恢复软件系统的组成构件。

(4) 对软件系统及其组成构件的属性进行度量,本书将系统的组成构件视为原子构件,系统则视为一个由多个原子构件及之间的依赖关系组成的复合构件。原子构件的属性选择为原子构件中类的个数、类文件的个数及类文件大小总和。复合构件的属性选择为原子构件的个数、原子构件大小的总和、体系结构的大小、有效代码行数及类文件数。

(5) 利用本书提出的演化二叉树构造算法,根据原子构件以及复合构件的各项属性信息恢复相对应的演化历史,以一棵演化二叉树的形态表示。

5.2　软件演化树和软件演化二叉树的定义及转换规则

软件的演化历史可以视为一棵演化树的形态,本书提出方法的首要任务即通过软件演化过程中留下的一些源代码等恢复其演化历史,而演化树的多分支情况使得本书中的演化历史恢复算法无法判别其分支的数量,从而很难达到完整恢复其演化历史的目的。

因此,在演化树的基础之上,本书提出了演化二叉树的概念。由于数据结构中树转换成二叉树是通过旋转及断链的方式完成的,会将有些节点转换成其兄弟节点的子节点,而对于本书来说,每个兄弟点都是一个演化分支的起点,这种做法会打乱软件的演化分支,因此本书通过在演化树的基础之上增加虚拟节点,将多分支的演化树转换成只有两个分支的演化二叉树,并规定演化二叉树的左分支为主演化分支,右分支为侧演化分支。

5.2.1 软件演化树与软件演化二叉树的定义

1. 软件演化树

软件演化树指的是软件在演化过程中所产生的多个版本及它们之间的联系构成的一棵树。演化树如图 5.1(a) 所示,树中每一个节点都代表了软件的一个版本,整棵树代表的就是该软件的演化历史,定义为 $T = (\mathrm{root}, T_n)$。其中,root 是树的根节点;T_n 是根节点 root 下的 n 棵子树的集合。

演化分支是指由根节点或某一内部节点出发的所有分支到达其所能到达的叶子节点所涵盖的节点及分支,是软件演化树中的一条路径,在软件配置库中,各分支是独立存储的。由图 5.1 可以看出,该演化树的演化分支很多,如果仅从演化树的角度来进行分析,研究人员很难从软件演化树分辨出软件演化的主线分支。为此,本书对现有的软件演化树进行了改进,提出了软件演化二叉树的概念。

2. 软件演化二叉树

软件演化二叉树是软件演化树的改进,将拥有多分支的演化树转变为只有主演化分支和侧演化分支的二叉树形态,定义为 $T = (\mathrm{root}, L, R)$。其中,$L$ 和 R 分别是根节点 root 的左子树和右子树。

在软件演化二叉树中,演化分支分为主演化分支和侧演化分支。从软件演化二叉树中任意一个内部节点 N_m 出发,一直沿着左孩子节点访问到达叶子节点 N_n 构成的演化分支称为主演化分支;从内部节点 N_m 出发到达以 N_m 右孩子节点为根的子二叉树中任意叶节点 N_k 的演化分支称为侧演化分支。同时,规定任意节点 N,若存在右孩子节点 $N.R$,则 $N.R$ 是 N 的一个拷贝,即 $N.R = \mathrm{Clone}(N)$,且称拷贝节点为虚节点,非拷贝节点为实节点。

本书不仅恢复软件系统的演化历史(用演化二叉树形式表示),还恢复软件中各构件的演化历史及系统与构件之间的版本关系,每种构件单独构造一棵演化二叉树,而每种构件的每个构件版本都对应为演化二叉树当中的一个实节点。在表示构件演化历史的演化二叉树中的实节点中,保存了该构件版本所对应的系统版本的版本基线、该构件的构件名、多维属性数组(构件中类的个数、类文件的个数及类文件大小总和)及为该构件生成的版本号。在拷贝出的虚节点中只保存了其父节点的构件名和为该虚节点生成的版本号。

图 5.1(b) 所示为一棵演化二叉树示例,其对应的演化树如图 5.1(a) 所示。其中,B 表示该构件版本对应的系统版本的版本基线;P 表示该构件版本的多维属性数组信息;V 表示该构件生成的版本号;L 和 R 分别表示左孩子节点和右孩子节点。从图 5.1(b) 中可以看出,该演化二叉树是由 8 个构件版本构成的,其中第 7 个构件版本与第 5 个构件版本是相同的,因此该演化二叉树中只有 7 个实节点。此外,版本基线为 1 的实节点拷贝生成了 2 个虚节点,版本基线为 2 的实节点拷贝生成了 1 个虚节点。

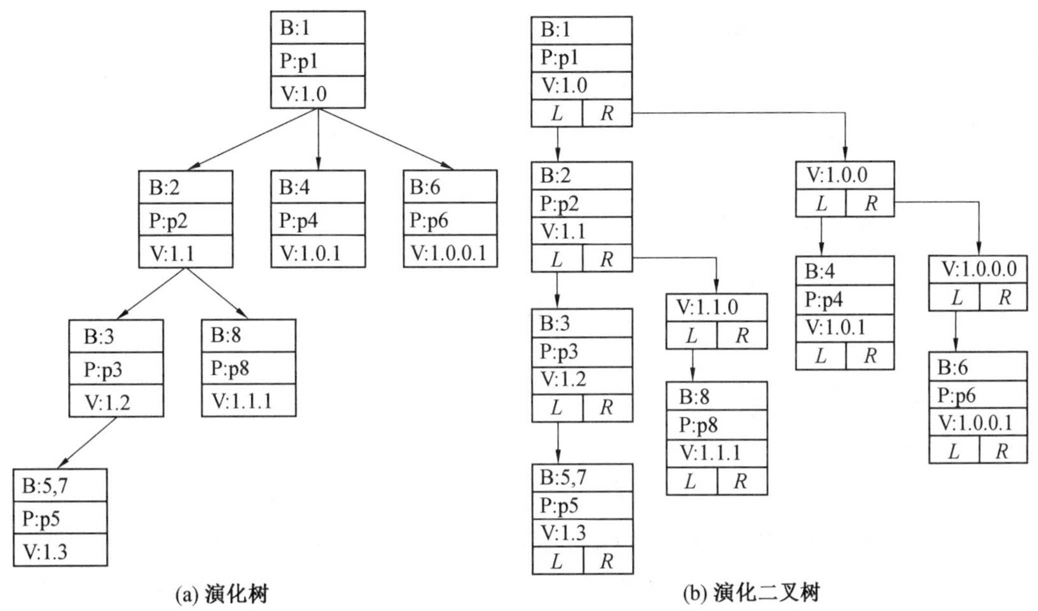

图 5.1　构件版本演化树和演化二叉树示例

5.2.2　软件演化树与软件演化二叉树的转换规则

由于传统的软件配置管理系统中存储的软件演化历史的形态都是软件演化树,因此为更好地管理软件的演化,明确软件的演化主线,本书在此定义软件演化树和软件二叉树之间相互转换的规则。

1. 软件演化树转换为软件演化二叉树

给定软件演化树 T,其根节点为 root,有若干孩子节点 $N_1, N_2, N_3, \cdots, N_m$,转换步骤如下。

(1) 首先将 N_1 节点作为 root 节点的左孩子节点。

(2) 克隆一个新的节点 Clone(root) 作为 root 的右孩子节点,将 N_2 作为 Clone(root) 的左孩子节点;克隆一个新的节点 Clone(Clone(root)) 作为 Clone(root) 的右孩子节点,将 N_3 作为 Clone(Clone(root)) 的左孩子节点;依此类推,将 root 的 $m-1$ 个节点(从 N_2 到 N_m) 作为右孩子挂在对应的克隆节点上。

(3) 对 root 的每个演化子树 $T(N_1), T(N_2), \cdots, T(N_m)$ 按照上述步骤重复处理。处

理完毕后，演化树中任意一个节点 N 的第一个分支中的所有节点将落在演化二叉树中 N 的主演化分支中；N 的其他分支中的节点将落在相应的某个 N 的侧演化分支中。

2. 软件演化二叉树转换为软件演化树

给定软件演化二叉树 T，其根节点为 root，左右节点分别为 L 和 R，转换步骤如下。

（1）将 L 作为 root 节点的第一个孩子节点。

（2）若 R 存在，则将 R 的左节点 $R.L$ 作为 root 节点的第二个孩子节点；若 R 的右孩子节点 $R.R$ 存在，则将 $R.R$ 的左孩子节点 $R.R.L$ 作为 root 节点的第三个孩子节点；若 $R.R$ 的右孩子节点 $R.R.R$ 存在，则重复上述步骤，直到该节点不存在右孩子节点。总体来说，若 root 的第 $n-1$ 个侧演化分支存在，则将第 $n-1$ 个侧演化分支的根节点的左孩子作为 root 的第 n 个孩子节点。

（3）对 root 的每个非克隆节点按照上述步骤循环操作，直到转换完毕。

5.3　原子构件演化二叉树的构造

由于现存的版本控制系统中保存的软件演化历史信息都是以文件和项目为单位的，其中并未保存系统组成构件（也就是原子构件）的信息，本书只能够获取到软件系统在演化过程中遗留下的各个版本的源代码信息，因此在构造原子构件演化二叉树之前，本书需要用到软件体系结构逆向技术来恢复组成系统的各个原子构件，然后再利用本书所提出的演化二叉树构造算法构造原子构件的演化二叉树。本节将会介绍原子构件演化二叉树的构造方法及本书提出的演化二叉树的构造算法。

5.3.1　原子构件的生成

原子构件指的是组成系统的一个个功能相互较为独立的模块，第 3 章中通过使用体系结构逆向工具恢复的一个个簇就类似系统的一个个原子构件。但是利用体系结构逆向技术恢复的簇仅仅包含的是不同原子构件中所含有的类名，也就是说用体系结构逆向技术恢复的原子构件中只含有类名，而并不含有其他的一些信息，如构件之间的依赖关系、构件的各项属性信息。因此，基于第 3 章中利用体系结构逆向技术恢复的组成系统的原子构件，再结合系统源代码及类关系依赖图中各类之间的依赖关系，恢复出系统的原子构件。根据文献[45]中对原子构件的介绍，本书的原子构件表示如下：

```
Atomic : < component_name > is
Classes: < class_list >;
Provides: < Function_Spec_list >;
Requires: < Function_Spec_list >;
Properties: < Mutil_Properties >;
End Atomic_Component;
```

其中，关键字 Classes 表示组成原子构件的类的集合；关键字 Provides 表示原子构件对外所提供的功能集合；关键字 Requires 表示原子构件对外所需的功能集合；关键字 Properties 表示原子构件多维属性数组，其中包括原子构件中类的个数、类文件的个数及类文件大小总和三个属性。可以看出，一个原子构件中不只是存储了各个类及类之间的依赖关系，还有原子构件的各种属性。由于原子构件是由一个个类组成的，因此本书统计的其各项属性也都与其组成的类有关，原子构件中各项属性后面利用本书所提出的演化二叉树构造算法恢复出软件原子构件多个版本之间的演化关系。下面将展示如何利用一个划分好的类关系依赖图来恢复原子构件。

给定一个经过体系结构逆向工具划分好的类关系依赖图，如图 5.2 所示。在图 5.2 中，右边的椭圆表示 JDK 中类的集合，左边的矩形表示组成该系统版本的类的集合，矩形中的 A、B、C 三个椭圆形表示通过软件体系结构逆向工具得到的三个类簇，圆角矩形 C_1，C_2，C_3，…，C_{12} 表示的是 12 个类，这 12 个类分别位于簇 A、B、C 和 JDK 中，类之间的有向边表示两个类之间存在依赖关系。

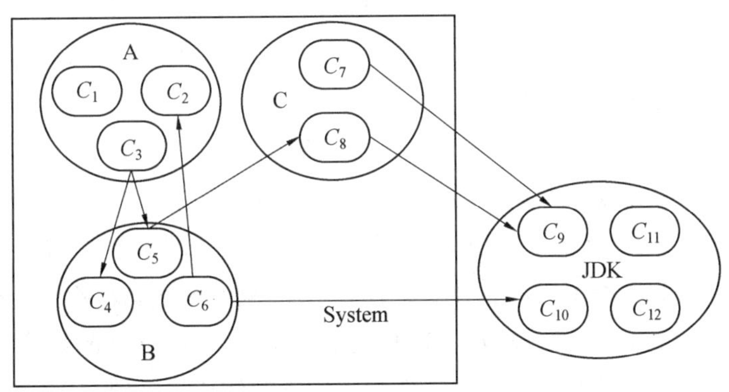

图 5.2　划分好的类关系依赖图

显然，从类关系依赖图中只能获取到系统版本中所包含的类，以及这些类之间的功能需求关系和类所组成的簇等信息，而无法获取到对应的系统版本的版本信息和不同系统版本之间的演化信息。

每个系统版本都可以通过逆向得到一个类关系依赖图，而类关系依赖图通过体系结构逆向工具可以划分为一个个簇。在使用某个系统版本的类关系依赖图及该系统版本的源代码逆向生成所有的原子构件时，首先把类关系依赖图中的每个簇都逆向成为一个原子构件，令构件名为对应的簇名，并将簇中所有的类都添加到生成的原子构件的 Classes 集合中；然后根据簇中类之间的依赖关系构造原子构件之间的 Provides 功能关系和 Requires 功能关系，并分别保存到原子构件的 Provides 集合和 Requires 集合中；最后根据系统源代码获取每个原子构件中所有类的多维属性信息，并保存到对应的原子构件中，以便后期根据多维属性信息构造原子构件的演化树。

图 5.2 所示的类关系依赖图在不考虑生成多维属性信息的情况下，可以生成三个原子构件（图 5.3）。

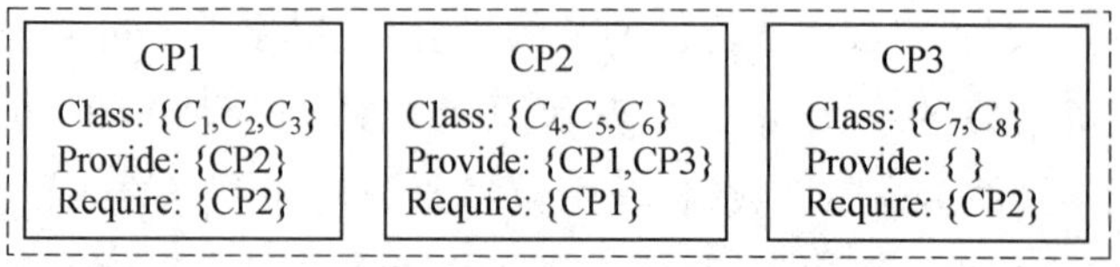

CP1	CP2	CP3
Class: $\{C_1,C_2,C_3\}$	Class: $\{C_4,C_5,C_6\}$	Class: $\{C_7,C_8\}$
Provide: {CP2}	Provide: {CP1,CP3}	Provide: { }
Require: {CP2}	Require: {CP1}	Require: {CP2}

图 5.3　原子构件示例

原子构件代表的是系统版本中的一个独立的功能单元，随着功能需求的变化，原子构件可能会发生变化。在对同一系统的多个系统版本逆向生成原子构件的时候，对于逆向出来的每一个原子构件，都有可能生成相同的原子构件版本，也可能生成不同的原子构件版本。

5.3.2　演化二叉树构造算法

前文将软件及其组成构件的演化历史定义为一棵演化二叉树，本节将主要介绍演化二叉树的构造算法。由于本书的目标是根据软件演化过程中留下的多个版本的源代码恢复软件及其组成构件的演化历史，而软件中所有的原子构件其实可以看作软件中一个个的子系统，也就是相当于一个个的小软件，因此本书的算法适用于复合构件的演化历史恢复，同时也适用于软件中原子构件的演化历史恢复。

本书提出的软件演化二叉树的构造方法主要是基于软件系统或其中原子构件的多维属性组来构造的，所以在使用此算法之前的目标是获取到软件或者原子构件的各项属性信息。在恢复软件的演化历史时，选取了复合构件的五维属性，分别为原子构件的个数、原子构件大小的总和、体系结构的大小（本书采用图编辑距离算法来对体系结构大小进行量化）、有效代码行数及类文件数。此外，也恢复出了组成软件的各个构件的演化历史，本书选取了原子构件的三维属性来构造原子构件的演化二叉树，其属性分别为原子构件中类的个数、类文件的个数及类文件大小总和。这样，本书就把软件的每一个版本或者其组成构件的每一个版本都量化成了一个属性向量，然后通过计算这两个属性向量的相似度来确定将该版本插入到软件演化二叉树中合适的位置。考虑到平行向量之间的相似度的度量，用欧式距离来计算是不同的，但是从变化的趋势来看其相似度却是相同的。因此，本书采用余弦公式来计算两个版本属性向量的相似度，计算公式如下：

$$\mathrm{Sim}(\boldsymbol{S}_1,\boldsymbol{S}_2)=\frac{\sum_{i=1}^{n}a_i\times b_i}{\sqrt{\sum_{i=1}^{n}(a_i)^2\times\sum_{i=1}^{n}(b_i)^2}}$$

式中，$\boldsymbol{S}_1$ 和 $\boldsymbol{S}_2$ 分别表示构件版本 S_1 与 S_2 在属性组 p 上的属性变化向量，即 S_1 对应的属性变化向量为 $\langle a_1,a_2,a_3,\cdots,a_i,\cdots,a_{n-1},a_n\rangle$，$S_2$ 对应的属性变化向量为 $\langle b_1,b_2,b_3,\cdots,b_i,\cdots,b_{n-1},b_n\rangle$，则两个构件版本的相似度可以表示为 similarity = $\mathrm{Sim}(\boldsymbol{S}_1,\boldsymbol{S}_2)$。显然，相似度的值位于(0,1]。数值越大，代表两个构件的相似度越高；反之，则相似度越低。此外，为区分构件之间相似度的程度，人为设定了一个相似度阈值。当两个构件之间的相似

度不小于阈值时,则认为这两个构件之间的相似度较高;当相似度小于阈值时,则认为这两个构件之间的相似度较低。

在构造演化二叉树时,本书主要思想是:将软件或者其组成构件的一组版本先恢复成一组实节点,实节点中存储了该软件或者构件的各项信息,包括版本号、多位属性数组等,然后按照这些实节点的先后生成顺序依次插入到软件演化二叉树中。再把由某个构件版本生成的实节点 Q 插入到演化二叉树 T 中时,其主要步骤是:先计算演化二叉树中所有的实节点与 Q 之间的相似度,再按相似度从高到低的顺序依次选择演化二叉树中的实节点作为待插入位置节点 P,再根据 Q 与 P 之间相似度的大小进行判断,并根据判断的结果选择是将 Q 节点作为主演化分支插入到 P 的左孩子上还是作为侧演化分支插入到 P 的右孩子上,直到将 Q 插入到演化二叉树中为止。在插入时具有以下几种情形。

(1) 若演化二叉树为空,则将 Q 作为演化二叉树的根节点,令 Q 的版本号为初始版本号。

(2) 若演化二叉树不为空,则分为以下几种情形。

① 若 Q 和 P 为同一个构件版本,则将 Q 和 P 这两个节点合并,只需将 Q 的版本基线添加到 P 的版本基线序列中,令 Q 的版本号与 P 的版本号相同。

② 若 Q 和 P 为不同的构件版本,且相似度较高,P 没有左孩子节点,则将 Q 作为 P 的左孩子节点,令 P 的版本号的最末位加 1 作为 Q 的版本号。

③ 若 Q 和 P 为不同的构件版本,且相似度较高,但 P 有左孩子节点,则重新选择一个次相似的实节点作为新的待插入位置节点 P,并重新判断。

④ 若 Q 和 P 为不同的构件版本,相似度较低,P 没有右孩子节点,则构造一个虚节点 Clone(P),并将 Clone(P) 作为 P 的右孩子节点,然后将 Q 作为 Clone(P) 的左孩子节点,令 P 的版本号后面加上".0"作为 Clone(P) 的版本号,令 Clone(P) 的版本号的最末位加 1 作为 Q 的版本号。

⑤ 若 Q 和 P 为不同的构件版本,且相似度较低,但 P 有右孩子节点,则找到 P 的最右侧的侧演化分支的根节点 R,构造一个虚节点 Clone(R),并将 Clone(R) 作为 R 的右孩子节点,然后将 Q 作为 Clone(R) 的左孩子节点,令 R 的版本号后面加上".0"作为 Clone(R) 的版本号,令 Clone(R) 的版本号的最末位加 1 作为 Q 的版本号。

根据上文的构件演化二叉树的构造思想,下面给出构件演化二叉树生成算法的伪代码:

```
Algorithm:演化二叉树构造算法
Input: Version[ ] versionNodes // 输入为一组构件节点
Output: BinaryTree binaryTree // 输出为一棵演化二叉树
Begin // 算法开始
  BinaryTree binaryTree = null; // 定义一棵空的演化二叉树
```

```
Version pnode = null; // 定义一个空的演化二叉树节点
Version versionNode = null; // 定义一个空的演化二叉树节点
For each versionNode in versionNodes // 遍历构件节点数组
  If (binaryTree = null) Then // 当演化二叉树为空时
    binaryTree = addRoot(binaryTree, versionNode); // 将节点插入演化二叉树
  Else // 当演化二叉树不为空时
    // 找到演化二叉树中与 versionNode 最相似的节点 pnode
    pnode = findSimilaryTreeNode(binaryTree, versionNode);
    // 计算 pnode 节点与 versionNode 节点的相似度
    double similarity = calculateSimilarity(pnode, versionNode);
    If (similarity = 1) Then // 当相似度为 1 时
      binaryTree = addSameNode(pnode, versionNode);// 将 pnode 插入树中
    Else // 当相似度不为 1 时
      Do While pnode!  = null // 当 pnode 不为空时
    // 当相似度大于设定的相似度阈值且 pnode 的左孩子节点为空时
    If(similarity  >= threshold)And(pnode.LNode = null)Then
      // 将 versionNode 节点插入到 pnode 节点的左孩子节点
      binaryTree = addLeftNode(pnode, versionNode);
      Break While;// 退出循环
    // 当相似度大于设定的相似度阈值且 pnode 的左孩子节点不为空时
    Else (similarity  >= threshold)And (pnode.LNode !  = null) Then
      // 找到与 pnode 节点次相似的节点
      pnode = findNextSimilaryTreeNode(pnode);
      // 计算 pnode 节点与 versionNode 节点的相似度
      similarity = calculateSimilarity(pnode, versionNode);
    Else
      Do While pnode.RNode !  = null // 当 pnode 节点的右孩子节点不为空时
      pnode = pnode.RNode; // 将 pnode 节点的右孩子节点设为 pnode 节点
      End While // 结束循环
      // 将 versionNode 节点插入到 pnode 节点的右孩子节点
      binaryTree = addRightNode(pnode, versionNode);
      Break While;// 退出循环
      End If
    End While
  End If
```

```
  End If
End For // 结束 For 循环
Return binaryTree // 返回演化二叉树
End // 算法结束
```

5.4　复合构件演化二叉树的构造

本节将详细介绍复合构件的表示形式与复合构件演化二叉树的构造过程。演化二叉树构造算法的主要思想是:先得到演化二叉树的各个节点也就是复合构件的每个版本,再通过比较各个复合构件属性向量的相似度,将各个复合构件插入树中的合适位置。在构造复合构件演化二叉树之前,本书需要得到各版本的复合构件。由于复合构件是由一个个原子构件构成的,因此在构造复合构件演化二叉树时,本书需要先得到复合构件中所含有的各项原子构件信息,也就是首先需要对系统进行逆向,得到系统中所包含的所有原子构件、原子构件中所包含的类及类之间的关系,再根据逆向得到的构件信息文件结合系统的源代码度量出复合构件的各项属性(原子构件的个数、原子构件大小的总和体系结构大小、有效代码行数及类文件数),结合 5.3 节提出的演化二叉树构造算法来构造复合构件的演化二叉树。因此,构造复合构件演化二叉树的关键在于如何生成复合构件及复合构件的属性信息的度量。下文将对这两点进行详细的阐述。

5.4.1　复合构件的生成

原子构件代表的是系统版本中的一个独立的功能单元,而无法代表软件系统的体系结构;复合构件是在更高的抽象层次表示软件系统的一个版本,能代表软件的体系结构,也就是说复合构件中应当存储系统中的各个原子构件及原子构件之间的关系。因此,一个系统版本中所有的原子构件都逆向生成出来之后,可以再使用这些原子构件逆向生成一个能够代表系统版本体系结构的复合构件。当然,为在恢复复合构件演化二叉树时比较两个复合构件版本的差别,本书需要度量出复合构件的具体属性信息。利用 Bunch 和 ACDC 体系结构逆向工具得到的复合构件,可将其表示如下:

```
Composite : < component_name > is
Reference: < component_name > {, < component_name >}
Instance:
 < instance_name > {, < instance_name >}
   : < component_name >;
{ < instance_name > {, < instance_name >}
```

: < component_name > ; }

Relation:

< connection_spec > { < connection_spec > }

Properties: < Mutil_Properties > ;

End Composite_Component;

其中,关键字 Reference 表示复合构件包含的原子构件集合;关键字 Instance 表示复合构件包含的原子构件实例的集合;关键字 Relation 表示复合构件中包含的原子构件实例之间的功能需求关系;Properties 表示复合构件的各项属性信息(原子构件的个数、原子构件大小的总和、体系结构的大小、有效代码行数及类文件数)。下一节将会详细阐述复合构件中各属性的度量方法。

为生成一个复合构件,首先,每个系统版本都生成一个复合构件,令复合构件名为对应的系统名,并把每个系统版本逆向出来的所有的原子构件都添加到对应复合构件的 Reference 集合中;然后,对每个原子构件都生成一个实例并添加到该复合构件的 Instance 集合中,并根据原子构件实例的 Requires 功能关系构造复合构件中的原子构件实例之间的功能依赖关系,添加到复合构件 Relation 集合中;最后,根据所有原子构件的多维属性信息计算复合构件的多维属性值信息,并保存到对应的复合构件中,以便后期根据多维属性信息构造复合构件的演化二叉树。

图 5.3 所示的原子构件在不考虑生成多维属性信息的情况下,可以生成复合构件(图 5.4)。

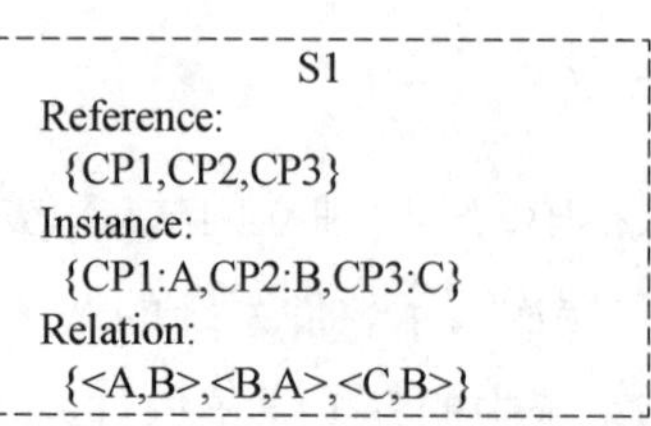

图 5.4　复合构件示例

复合构件代表的是一个系统版本的体系结构,在系统演化过程中,构成复合构件的原子构件集合可能会发生变化,即系统版本会发生变化。因此,认为同一个系统的多个版本逆向生成的多个复合构件是同一种复合构件的不同版本,而不同的系统逆向生成的是不同的复合构件。

5.4.2　复合构件属性的度量

恢复复合构件演化二叉树的方法主要是将一个复合构件量化为一个属性向量,然后对比复合构件不同版本属性向量的相似度来判断复合构件应该插入到演化二叉树中的具体位置。因此,在构造复合构件演化二叉树之前,需要度量出复合构件的一些属性信息。

一个复合构件代表的是系统的一个版本，而软件演化的过程具体来看其实就是源代码的修改或者文件的增加、删除或者修改，其体现在体系结构层面上就是原子构件的增加、删除及原子构件之间功能关系的改变。为更好地反映出软件系统的演化情况，本书挑选了系统在体系结构层的属性（复合构件中原子构件的个数、原子构件大小的总和、体系结构的大小），以及关于源代码及文件的一些属性（有效代码行数、类文件数）。因为恢复复合构件演化二叉树的属性数量是不固定的，这五个属性可能有多种不同的组合形式，所以为探寻哪种属性组合对复合构件演化二叉树的生成影响最大，本书会在实验部分列举出不同属性组合情况下恢复的演化二叉树，以对比哪个属性对恢复复合构件演化二叉树的影响最大。

在生成复合构件之前，本书已经恢复了系统的所有原子构件，只需要统计原子构件的个数并将其加入到属性数组中。原子构件的大小是指所有原子构件中类的大小总和，只需统计不同原子构件所包含的类文件的大小即可得到。同样的源代码行数和类文件数也只需度量系统的源代码和文件数等信息即可得到。为量化软件体系结构大小，本书采取图编辑距离算法计算其与一个空图的编辑距离作为其体系结构的大小。下文将详细介绍软件体系结构大小的距离量化方法。

软件体系结构作为在较高层次对软件系统的一个抽象描述，如何对其进行量化是本书进行复合构件演化二叉树构造时的首要问题。本书利用软件体系结构逆向工具将一个软件系统的版本恢复成了一个复合构件，而复合构件中包含了原子构件、原子构件的实例及原子构件之间的功能调用关系等信息。这些信息用一个图来表示，利用恢复出的构件可以构造出体现软件体系结构的软件体系结构属性图。

图 5.5 所示为一个体系结构属性图。

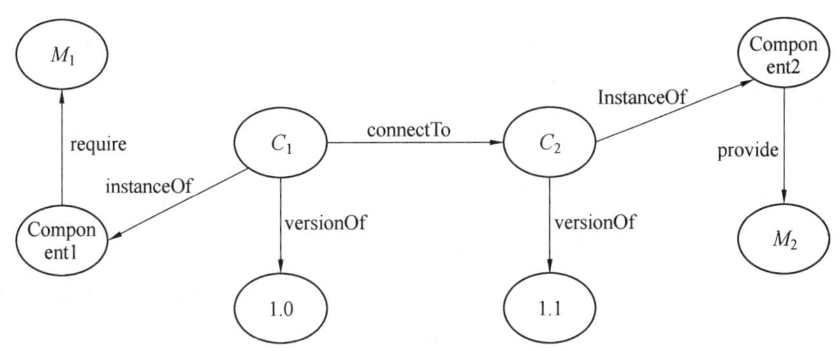

图 5.5　体系结构属性图

因为本书此处计算的体系结构大小是将上图与一个空图做比较，所以在计算编辑代价时都是计算的节点及边的插入代价。节点的编辑代价矩阵如下：

$$c(V,V)=\begin{bmatrix} & \text{Component1} & C_1 & 1.0 & M_1 & \text{Component2} & C_2 & 1.1 & M_2 \\ \varepsilon & 10 & \infty & \infty & \infty & \infty & \infty & \infty & \infty \\ \varepsilon & \infty & 10 & \infty & \infty & \infty & \infty & \infty & \infty \\ \varepsilon & \infty & \infty & 2 & \infty & \infty & \infty & \infty & \infty \\ \varepsilon & \infty & \infty & \infty & 2 & \infty & \infty & \infty & \infty \\ \varepsilon & \infty & \infty & \infty & \infty & 3 & \infty & \infty & \infty \\ \varepsilon & \infty & \infty & \infty & \infty & \infty & 3 & \infty & \infty \\ \varepsilon & \infty & \infty & \infty & \infty & \infty & \infty & 2 & \infty \\ \varepsilon & \infty & \infty & \infty & \infty & \infty & \infty & \infty & 2 \end{bmatrix}$$

边的编辑代价矩阵如下：

$$c(E,E)=\begin{bmatrix} & \text{requireOf} & \text{instanceOf} & \text{versionOf} & \text{provideOf} & \text{connectTo} \\ \varepsilon & 1 & \infty & \infty & \infty & \infty \\ \varepsilon & \infty & 1 & \infty & \infty & \infty \\ \varepsilon & \infty & \infty & 1 & \infty & \infty \\ \varepsilon & \infty & \infty & \infty & 1 & \infty \\ \varepsilon & \infty & \infty & \infty & \infty & 1 \end{bmatrix}$$

将边之间的编辑代价纳入节点之间的编辑代价中，可得到其扩展的编辑代价矩阵 $c^*(V,V)$ 为

$$c^*(V,V)=$$

$$\begin{bmatrix} & \text{Component1} & C_1 & 1.0 & M_1 & \text{Component2} & C_2 & 1.1 & M_2 \\ \varepsilon & 10+2 & \infty & \infty & \infty & \infty & \infty & \infty & \infty \\ \varepsilon & \infty & 10+2 & \infty & \infty & \infty & \infty & \infty & \infty \\ \varepsilon & \infty & \infty & 2+2 & \infty & \infty & \infty & \infty & \infty \\ \varepsilon & \infty & \infty & \infty & 2+1 & \infty & \infty & \infty & \infty \\ \varepsilon & \infty & \infty & \infty & \infty & 3+0 & \infty & \infty & \infty \\ \varepsilon & \infty & \infty & \infty & \infty & \infty & 3+0 & \infty & \infty \\ \varepsilon & \infty & \infty & \infty & \infty & \infty & \infty & 2+0 & \infty \\ \varepsilon & \infty & \infty & \infty & \infty & \infty & \infty & \infty & 2+0 \end{bmatrix}$$

扩展的编辑代价中包含了节点的编辑代价及边的编辑代价，由上述计算的结果可知，其编辑路径为

$$p=\{(\varepsilon\to\text{Component1}),(\varepsilon\to C_1),(\varepsilon\to 1.0),(\varepsilon\to M_1),(\varepsilon\to\text{Component1}),(\varepsilon\to C_2),(\varepsilon\to 1.1),(\varepsilon\to M_2)\}$$

对应的编辑代价为

$$c^*(p) = 12 + 12 + 4 + 3 + 3 + 3 + 2 + 2 = 41$$

也就意味着图 5.5 所对应系统的体系结构大小为 41。

5.5　复合构件与原子构件的版本关系恢复

5.5.1　构件版本关系恢复

复合构件中包含许多原子构件,当进行演化历史恢复时,首先需要恢复代表系统的复合构件及其所含有的原子构件。在恢复这些构件时,原子构件的版本号与复合构件的版本号并不总是一致的。因为一个复合构件是包含多个原子构件的,当其从一个版本演化到另一个版本时,并不是所有的原子构件都会发生改变,改变的可能只是其中几个原子构件。也就是说,复合构件发生演化时,其所含有的原子构件有些进行了演化,而有些却没有。因此,复合构件的版本号与有些原子构件的版本号是不一致的,即一个复合构件版本中可能包含不同版本的原子构件。

构件版本关系图如图 5.6 所示,大实线矩形框表示一个复合构件;其中的小实线矩形框表示其中所含有的原子构件;虚线矩形框表示一个原子构件在不同复合构件中的版本。可以看出,在演化过程中,复合构件 1.0 版本演化到 1.1 版本时,原子构件 A 的 1.0 版本没有做任何修改,即在复合构件 1.0 和 1.1 版本中的原子构件 A 的 1.0 版本是没有改变的,同时新增了一个 1.0 版本的原子构件 B,原子构件 C 从 1.0 版本演化到了 1.1 版本。而当复合构件版本 1.1 再次演化到 1.2 时,其原子构件 A 和原子构件 B 从 1.0 版本演化到了 1.1 版本,原子构件 C 从 1.1 版本演化到了 1.2 版本,这时复合构件的版本号和其所含的原子构件版本的版本号是不一致的。因此,本书不能简单地使用复合构件的版本号作为原子构件的版本号,而应该恢复每个复合构件版本与其所含有的所有版本原子构件版本的对应关系。

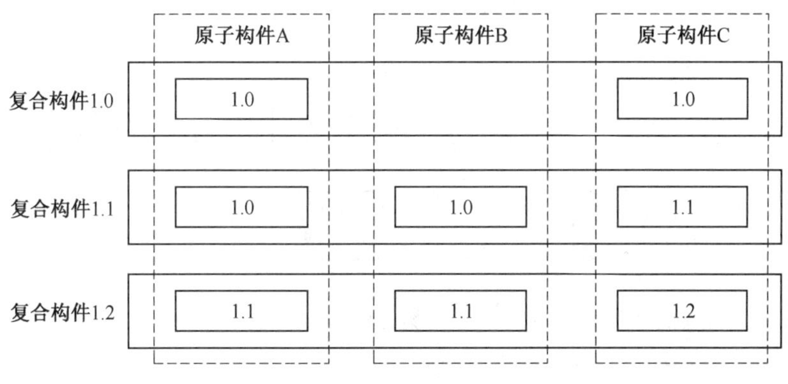

图 5.6　构件版本关系图

图 5.6 中的构件版本关系用相应的体系结构描述语言描述如下:

```
Component CompositeComponent < version = 1.0 > is
```

```
Reference
  A < version = 1.0 >;
  C < version = 1.0 >
End
Component CompositeComponent < version = 1.1 > is
Reference
  A < version = 1.0 >;
  B < version = 1.0 >;
  C < version = 1.1 >
End
Component CompositeComponent < version = 1.2 > is
Reference
  A < version = 1.1 >;
  B < version = 1.1 >;
  C < version = 1.2 >
End
```

上文利用软件体系结构逆向工具进行体系结构逆向时所恢复的所有原子构件及复合构件都是不带版本号的,构件的版本号是在构造演化二叉树时通过演化二叉树构造算法中为每个原子构件或者复合构件加上的,原子构件与复合构件之间的关系也是通过恢复它们的版本号来将它们联系起来的。具体的恢复方法如下。

构件版本关系恢复方法如图5.7所示,在恢复原子构件与复合构件之间的关系之前,需要利用软件体系结构恢复工具恢复软件的不带版本号的原子构件与复合构件,然后再将不带版本号的原子构件利用演化二叉树构造算法生成原子构件演化二叉树。首先统计

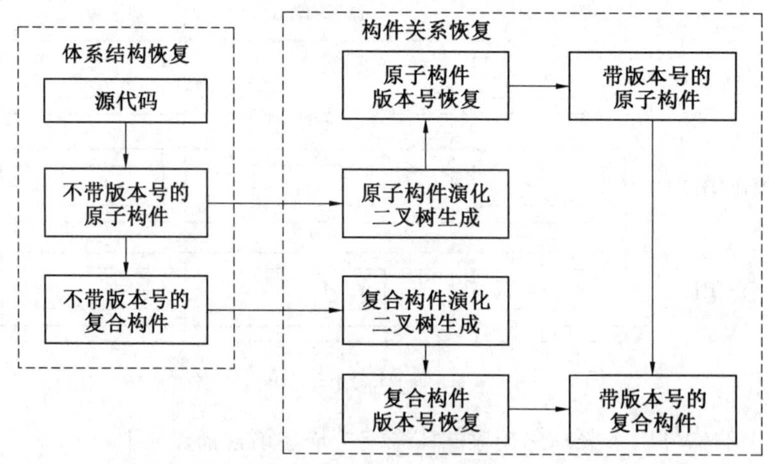

图5.7 构件版本关系恢复方法

不带版本号的复合构件中所有不带版本号的原子构件,逐一将得到的原子构件存入不带版本号的原子构件的集合中,并判断集合中是否有该原子构件。

如果集合中有该原子构件,则生成一个原子构件演化二叉树的节点,然后将该节点插入到原子构件演化二叉树中并生成该原子构件的版本号,再将该带版本号的原子构件重新存入复合构件中。

如果集合中没有该原子构件,则代表还没有为该原子构件构造演化二叉树。因此,首先需要新建一棵演化二叉树,然后利用该不带版本号的原子构件生成一个演化二叉树的节点,通过演化二叉树的构造算法将该节点插入到演化二叉树的合适位置,并依据该节点在演化二叉树中的位置为该不带版本号的原子构件生成一个版本号,最后将该带版本号的原子构件也重新存入复合构件中。

当不带版本号的复合构件中的所有原子构件都恢复出了其版本号时,下一步将准备为所有的复合构件生成版本号。首先统计所有复合构件版本的属性值,然后利用每个不带版本号的复合构件对应生成复合构件演化二叉树的节点(节点信息包括该复合构件的构件名、版本基线、属性数组、左右孩子节点等),最后逐一将复合构件节点插入复合构件演化二叉树中,并为每个复合构件生成一个版本号。

通过上述步骤即可恢复出复合构件的版本号及其所包含的所有原子构件的版本号,这样就得知了复合构件与其所包含的所有原子构件版本的关系,并且可以轻松地得知组成复合构件的所有原子构件的版本变化情况。

5.5.2　构件版本关系示例

本节将通过一个例子展示利用上述方法恢复复合构件及原子构件的版本关系。本书从 GitHub 上选取了开源软件 cassandra 的 8 个版本的源代码,利用体系结构逆向工具 Bunch 恢复其复合构件及原子构件等信息,并为每个原子构件及复合构件重新生成了版本号等信息。cassandra 版本关系恢复表见表 5.1。

表 5.1　cassandra 版本关系恢复表

版本基线	系统真实版本号	恢复出的复合构件版本号	原子构件的个数
1	0.3.0	1.0	12
2	0.4.1	1.0.1	9
3	0.5.1	1.0.1.1	21
4	0.6.2	1.0.1.2	23
5	0.6.5	1.0.1.2.1	27
6	0.7.0	1.0.1.2.1.1	12
7	0.7.5	1.0.1.2.1.1.1	40
8	0.7.8	1.0.1.2.1.1.1.1	17

表 5.1 中展示了 cassandra 系统真实版本号、通过上述方法恢复复合构件版本号及每个系统所含的原子构件的个数。由于每个系统的所含的原子构件较多,因此本书将在下文详细列举出每个复合构件中所含有的原子构件及其所对应的版本号。

(1)版本基线 1 中所含有的原子构件及版本号。

V1.0 = {org_apache_cassandra_service_Cassandra $1_ss, org_apache_cassandra_config_DatabaseDescriptor_ss, org_apache_cassandra_cql_compiler_parse_CqlParser_ss, org_apache_cassandra_service_StorageService_ss, org_apache_cassandra_db_ColumnFamily_ss, org_apache_cassandra_net_MessagingService_ss, org_apache_cassandra_db_ColumnFamilyStore_ss, org_apache_cassandra_service_Cassandra_ss, org_apache_cassandra_net_EndPoint_ss, org_apache_cassandra_gms_Gossiper_ss, org_apache_cassandra_cql_common_CType_ss, org_apache_cassandra_utils_FastHashMap_ss}

(2)版本基线 2 中所含有的原子构件及版本号。

V1.0 = {org_apache_cassandra_db_marshal_AbstractType_ss, org_apache_cassandra_net_io_StreamContextManager_ss, org_apache_cassandra_utils_FastHashMap_ss}

V1.1 = {org_apache_cassandra_service_StorageService_ss, org_apache_cassandra_gms_Gossiper_ss, org_apache_cassandra_config_DatabaseDescriptor_ss, org_apache_cassandra_service_Cassandra_ss}

V1.0.1 = {org_apache_cassandra_db_ColumnFamilyStore_ss, org_apache_cassandra_net_EndPoint_ss}

(3)版本基线 3 中所含有的原子构件及版本号。

V1.0 = {org_apache_cassandra_dht_Token_ss, org_apache_cassandra_dht_BootStrapper_ss, org_apache_cassandra_service_ColumnParent_ss, org_apache_cassandra_io_Streaming_ss, org_apache_cassandra_cli_CliParser_ss, org_apache_cassandra_db_Row_ss, org_apache_cassandra_db_CommitLog_ss, org_apache_cassandra_db_CompactionManager_ss, org_apache_cassandra_io_SSTableReader_ss, org_apache_cassandra_utils_LogUtil_ss, org_apache_cassandra_gms_GossipDigest_ss, org_apache_cassandra_utils_FileUtils_ss, org_apache_cassandra_db_Memtable_ss, org_apache_cassandra_service_StorageProxy_ss, org_apache_cassandra_io_DataInputBuffer_ss}

V1.0.1 = {org_apache_cassandra_service_Cassandra $1_ss}

V1.0.1.1 = {org_apache_cassandra_db_ColumnFamilyStore_ss}

V1.1 = {org_apache_cassandra_net_MessagingService_ss}

V1.1.1 = {org_apache_cassandra_gms_Gossiper_ss}

V1.2 = {org_apache_cassandra_service_StorageService_ss, org_apache_cassandra_service_Cassandra_ss}

(4)版本基线 4 中所含有的原子构件及版本号。

V1.0={org_apache_cassandra_db_commitlog_CommitLog_ss,org_apache_cassandra_net_IVerbHandler_ss,org_apache_cassandra_avro_AvroValidation_ss,org_apache_cassandra_thrift_Cassandra_ss,org_apache_cassandra_db_filter_SSTableSliceIterator $ ColumnGroupReader_ss,org_apache_cassandra_thrift_ColumnOrSuperColumn_ss,org_apache_cassandra_locator_AbstractReplicationStrategy_ss,org_apache_cassandra_thrift_AuthenticationRequest_ss,org_apache_cassandra_io_SSTable_ss,org_apache_cassandra_concurrent_JMXEnabledThreadPoolExecutor_ss,org_apache_cassandra_thrift_ThriftValidation_ss,org_apache_cassandra_thrift_InvalidRequestException_ss,org_apache_cassandra_io_util_FileUtils_ss,}

V1.0.1={org_apache_cassandra_dht_Token_ss,org_apache_cassandra_db_CompactionManager_ss}

V1.1={org_apache_cassandra_cli_CliParser_ss,org_apache_cassandra_db_Row_ss,org_apache_cassandra_db_ColumnFamily_ss,org_apache_cassandra_gms_GossipDigest_ss}

V1.1.1={org_apache_cassandra_config_DatabaseDescriptor_ss,org_apache_cassandra_net_MessagingService_ss}

V1.1.2={org_apache_cassandra_gms_Gossiper_ss}

V1.3={org_apache_cassandra_service_StorageService_ss}

(5)版本基线5中所含有的原子构件及版本号。

V1.0={org_apache_cassandra_net_Message_ss,org_apache_cassandra_thrift_CassandraServer_ss,org_apache_cassandra_thrift_Cassandra $ Processor_ss,org_apache_cassandra_utils_MerkleTree_ss,org_apache_cassandra_db_filter_SSTableSliceIterator $ ColumnGroupReader_ss,org_apache_cassandra_streaming_StreamInitiateVerbHandler_ss,org_apache_cassandra_dht_Range_ss,org_apache_cassandra_gms_EndPointState_ss,org_apache_cassandra_thrift_SlicePredicate_ss,org_apache_cassandra_tools_NodeProbe_ss,org_apache_cassandra_thrift_TokenRange_ss}

V1.0.1={org_apache_cassandra_db_commitlog_CommitLog_ss,org_apache_cassandra_net_IVerbHandler_ss,org_apache_cassandra_dht_BootStrapper_ss, org_apache_cassandra_thrift_ThriftValidation_ss}

V1.0.1.1={org_apache_cassandra_dht_Token_ss,org_apache_cassandra_db_CompactionManager_ss}

V1.0.1.2={org_apache_cassandra_db_ColumnFamilyStore_ss}

V1.1={org_apache_cassandra_thrift_Cassandra_ss,org_apache_cassandra_db_Memtable_ss,org_apache_cassandra_thrift_AuthenticationRequest_ss, org_apache_cassandra_io_SSTable_ss}

V1.1.2={org_apache_cassandra_net_MessagingService_ss}

V1.2 = {org_apache_cassandra_cli_CliParser_ss, org_apache_cassandra_gms_GossipDigest_ss}

V1.4 = {org_apache_cassandra_service_StorageService_ss}

(6)版本基线 6 中所含有的原子构件及版本号。

V1.0 = {org_apache_cassandra_db_filter_QueryFilter_ss, org_apache_cassandra_thrift_Cassandra $ Client_ss, org_apache_cassandra_io_sstable_SSTableReader_ss}

V1.0.1 = {org_apache_cassandra_locator_AbstractReplicationStrategy_ss}

V1.0.1.1 = {org_apache_cassandra_db_commitlog_CommitLog_ss}

V1.0.1.1.1 = {org_apache_cassandra_dht_Token_ss}

V1.0.1.2 = {org_apache_cassandra_db_CompactionManager_ss}

V1.1 = {org_apache_cassandra_net_Message_ss}

V1.1.2.1 = {org_apache_cassandra_net_MessagingService_ss}

V1.2 = {org_apache_cassandra_thrift_Cassandra_ss}

V1.5 = {org_apache_cassandra_service_StorageService_ss}

V1.2.1 = {org_apache_cassandra_cli_CliParser_ss}

(7)版本基线 7 中所含有的原子构件及版本号。

V1.0 = {org_apache_cassandra_io_util_FileDataInput_ss, org_apache_cassandra_tools_NodeCmd_ss, org_apache_cassandra_db_migration_DropKeyspace_ss, org_apache_cassandra_thrift_Cassandra $ Iface_ss, org_apache_cassandra_gms_FailureDetector_ss, org_apache_cassandra_utils_Pair_ss, org_apache_cassandra_io_util_SegmentedFile_ss, org_apache_cassandra_utils_BloomFilter_ss, org_apache_cassandra_hadoop_ColumnFamilyRecordWriter_ss, org_apache_cassandra_thrift_AuthenticationException_ss, org_apache_cassandra_thrift_ConsistencyLevel_ss}

V1.0.1 = {org_apache_cassandra_thrift_Cassandra $ Client_ss, org_apache_cassandra_thrift_CassandraServer_ss, org_apache_cassandra_thrift_CassandraServer_ss, org_apache_cassandra_thrift_InvalidRequestException_ss, org_apache_cassandra_avro_AvroValidation_ss}

V1.0.1.3 = {org_apache_cassandra_db_ColumnFamilyStore_ss, org_apache_cassandra_db_CompactionManager_ss}

V1.0.2 = {org_apache_cassandra_net_IVerbHandler_ss, org_apache_cassandra_locator_AbstractReplicationStrategy_ss}

V1.0.1.1.1 = {org_apache_cassandra_db_commitlog_CommitLog_ss}

V1.1 = {org_apache_cassandra_thrift_SlicePredicate_ss, org_apache_cassandra_db_marshal_AbstractType_ss, org_apache_cassandra_io_sstable_SSTableReader_ss, org_apache_cassandra_db_filter_QueryFilter_ss}

V1.1.2.1.1 = {org_apache_cassandra_net_MessagingService_ss}

V1.2 = {org_apache_cassandra_service_StorageProxy_ss}

V1.2.2 = {org_apache_cassandra_cli_CliParser_ss}

V1.3 = {org_apache_cassandra_gms_GossipDigest_ss, org_apache_cassandra_thrift_Cassandra_ss}

V1.6 = {org_apache_cassandra_service_StorageService_ss}

(8)版本基线8中所含有的原子构件及版本号。

V1.0 = {org_apache_cassandra_db_Table_ss, org_apache_cassandra_service_AntiEntropyService_ss, org_apache_cassandra_gms_VersionedValue_ss}

V1.0.1 = {org_apache_cassandra_io_util_SegmentedFile_ss, org_apache_cassandra_avro_CassandraServer_ss}

V1.0.3 = {org_apache_cassandra_locator_AbstractReplicationStrategy_ss}

V1.0.1.1.1.1 = {org_apache_cassandra_db_commitlog_CommitLog_ss}

V1.0.1.3.1 = {org_apache_cassandra_db_ColumnFamilyStore_ss, org_apache_cassandra_db_CompactionManager_ss}

V1.1 = {org_apache_cassandra_hadoop_ColumnFamilyRecordWriter_ss, org_apache_cassandra_tools_NodeCmd_ss}

V1.1.2.1.2 = {org_apache_cassandra_net_MessagingService_ss}

V1.6.1 = {org_apache_cassandra_service_StorageService_ss}

V1.2 = {org_apache_cassandra_io_sstable_SSTableReader_ss}

V1.2.2.1 = {org_apache_cassandra_cli_CliParser_ss}

V1.3 = {org_apache_cassandra_service_StorageProxy_ss}

V1.4 = {org_apache_cassandra_thrift_Cassandra_ss}

第6章　软件演化历史恢复系统的设计与实现

本章将主要介绍软件演化历史恢复系统的功能需求、架构设计、各模块详细设计与实现。本书设计并实现的系统可以帮助软件演化管理人员分析恢复软件及其组成构件的演化历史等信息，可以将软件系统恢复成一个复合构件、组成该复合构件的原子构件及原子构件之间的关系等信息，并度量出复合构件与原子构件的各项属性信息。同时，通过使用本系统还可以得到代表软件系统的复合构件与其所含有的所有原子构件之间的版本关系。

6.1　需求分析

6.1.1　系统概述

软件演化历史恢复系统采用浏览器/服务器(Browser/Server,B/S)结构，后台利用Java语言编写，前台主要使用JavaScript编写。系统主要用于恢复基于Java语言编写的软件及其组成构件的演化历史并以一棵演化二叉树的形态在前台界面显示。用户通过本系统恢复演化二叉树时，可在前台界面查看系统及组成构件的各项属性信息，以及各复合构件与原子构件的版本关系。在生成演化二叉树时，由于不同的阈值及构件的各项属性会对构造演化二叉树造成影响，因此使用者可以在系统中自由挑选构件的属性组合，并设定相似度阈值来恢复构件的演化二叉树。

6.1.2　系统功能需求

设计软件演化历史恢复系统的主要目标是首先通过分析软件系统多个版本的源代码，结合使用体系结构逆向恢复工具恢复出的簇，恢复出软件系统所含的原子构件及代表软件系统的复合构件，并度量出原子构件及复合构件的属性信息进行展示；然后通过这些属性信息来恢复原子构件及复合构件的演化历史，并以一棵演化二叉树的形态展示；最后使用树编辑距离算法计算恢复出的构件演化二叉树与真实演化二叉树的树编辑距离来验证结果的正确性。

系统功能可分为体系结构逆向、演化历史恢复和演化历史恢复分析，系统用况图如图6.1所示，图中系统的各功能详细阐述如下。

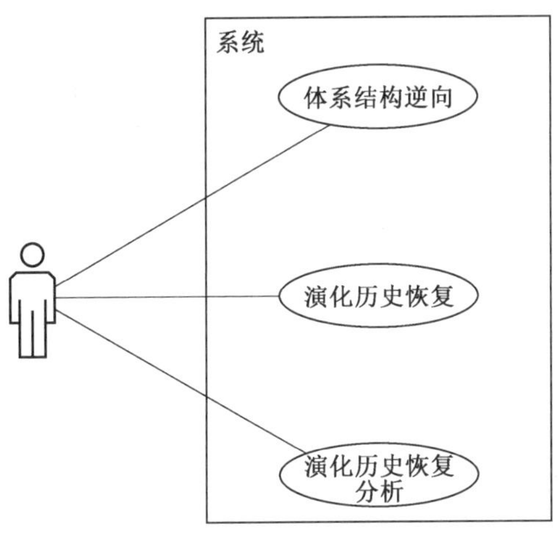

图6.1　系统用况图

(1) 体系结构逆向。

体系结构逆向首先读取用户指定的配置文件,读取配置文件中含有的待分析系统源代码及经过体系结构逆向工具恢复的簇文件,统计待分析系统源代码的各项信息,包括所有类文件的文件名、类文件的最后修改时间及类文件的大小,然后利用上述源代码信息及一些配置文件信息生成不带版本的原子构件与复合构件。体系结构逆向用况图如图6.2所示。

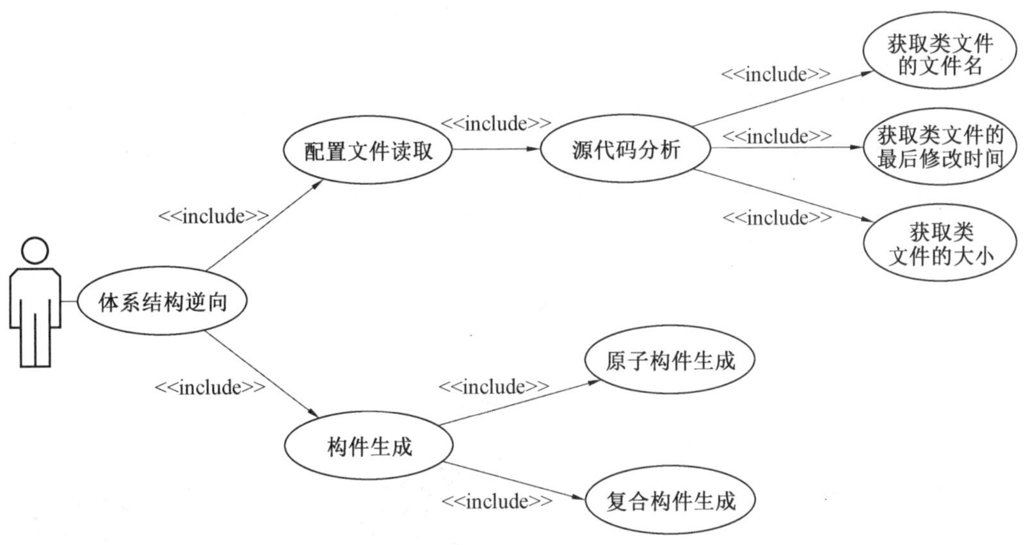

图6.2　体系结构逆向用况图

(2) 演化历史恢复。

演化历史恢复主要是度量出原子构件及复合构件的属性信息,然后利用这些属性信息来构造相应的构件演化二叉树,在构造构件演化二叉树时为各原子构件以及复合构件生成一个版本号,并恢复原子构件以及复合构件之间的版本关系。演化历史恢复主要分为构件属性度量、构件版本关系恢复及演化二叉树生成。演化历史恢复用况图如图6.3

所示。

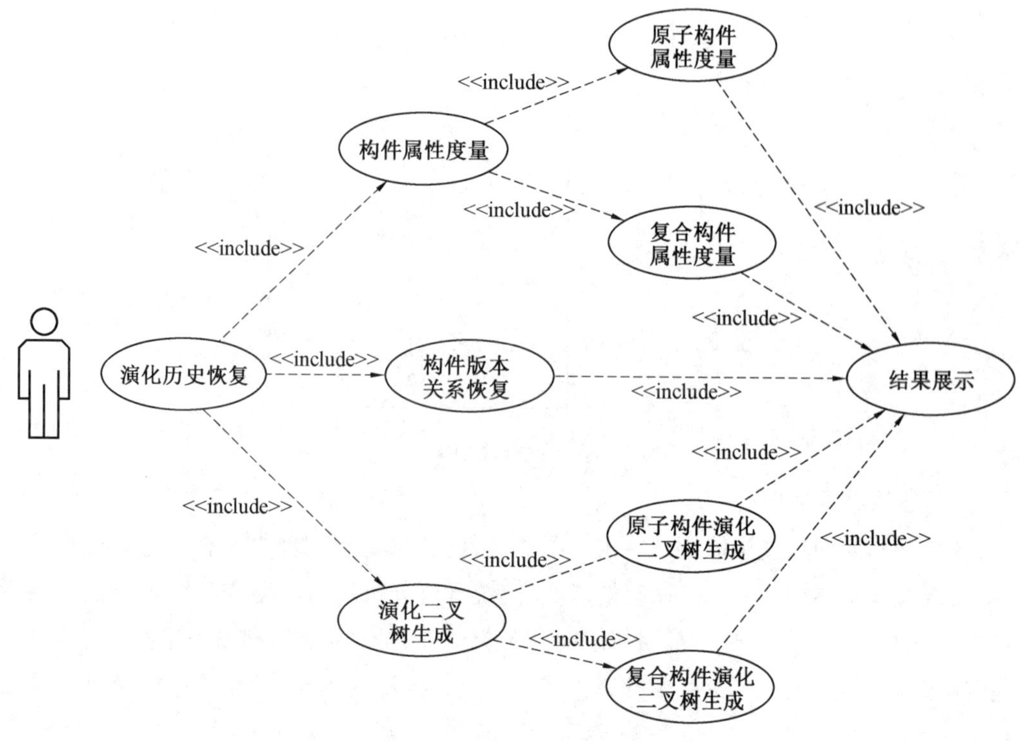

图 6.3　演化历史恢复用况图

（3）演化历史恢复分析。

演化历史恢复分析主要分析比较恢复的演化二叉树与真实演化二叉树的树编辑距离,以验证恢复结果的好坏,主要从两个方面进行分析,分别为不同相似度阈值下生成的演化二叉树和不同属性组合下生成的演化二叉树。演化历史恢复分析用况图如图 6.4 所示。

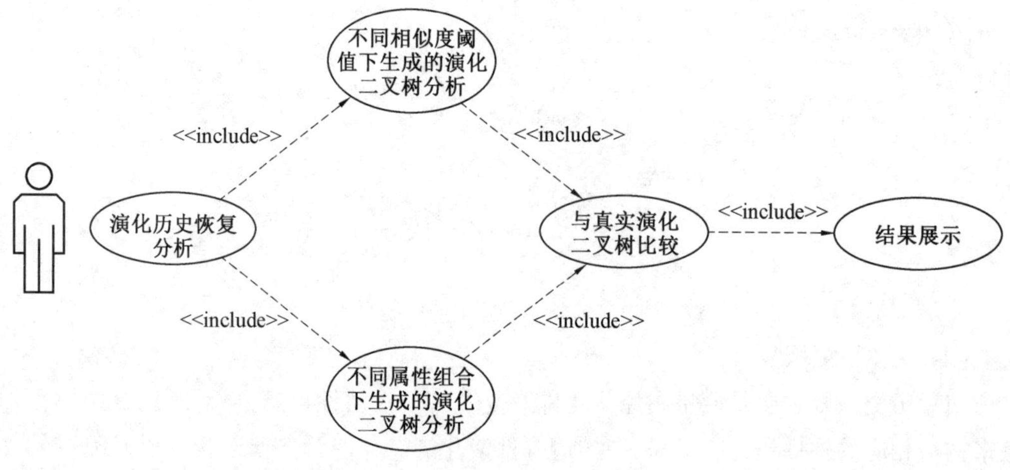

图 6.4　演化历史恢复分析用况图

6.2　概要设计

6.2.1　功能模块设计

根据上述需求分析,演化历史恢复系统主要包含体系结构逆向、演化历史恢复及演化历史恢复分析三大模块。体系结构逆向模块包括配置文件读取模块、构件生成模块;演化历史恢复模块包括构件属性度量模块、构件版本关系恢复模块和演化二叉树生成模块;演化历史恢复分析模块下只有演化历史恢复分析一个子模块,其中包括不同相似度阈值下生成的演化二叉树分析和不同属性组合下生成的演化二叉树分析。系统功能模块图如图 6.5 所示。

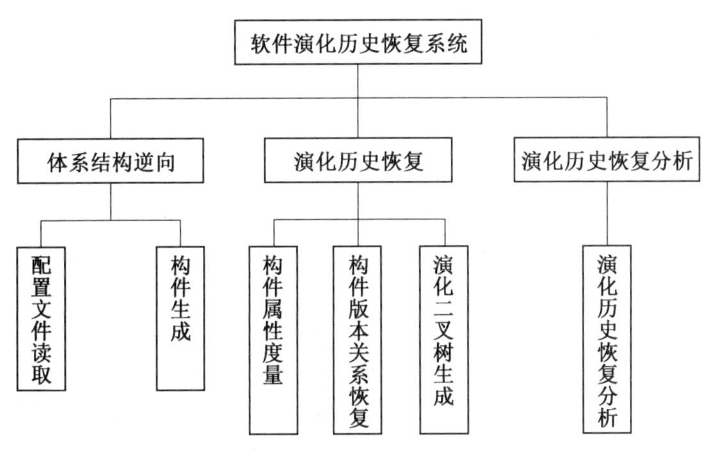

图 6.5　系统功能模块图

下面对系统中各子模块进行详细介绍。

(1) 配置文件读取模块。

配置文件读取模块根据用户选择的待分析系统的配置文件,读取配置文件中的路径及相关的配置文件路径,分析待分析系统源代码中的各个 Java 类文件,得到源代码中的所有类文件的文件名、类文件最后修改时间及类文件的大小并将其保存在系统变量中方便其他模块调用。

(2) 构件生成模块。

构件生成模块根据系统源代码,使用体系结构逆向工具恢复出系统中所含簇的信息来生成相对应的原子构件,对应地将每个原子构件名命名为相应的簇名,并将簇中所含有的类及类簇之间的依赖关系添加至原子构件之中,然后将每个系统版本恢复成一个复合构件,令系统名为复合构件名,再将原子构件及原子构件实例等信息添加至复合构件中。

(3) 构件属性度量模块。

构件属性度量模块首先度量了原子构件的三维属性(原子构件中类的个数、类文件的个数及类文件大小的总和,然后度量了复合构件的五维属性原子构件的个数、原子构件大小的总和、体系结构的大小、有效代码行数及类文件数。将以上度量出的系统保存在系统变量中,用户可以直接查看各构件的属性信息,也可以为演化二叉树生成模块生成构件演化二叉树做准备。

(4) 构件版本关系恢复模块。

构件版本关系恢复模块在构造原子构件及复合构件演化二叉树时,为每个原子构件及复合构件生成了相应的版本号,将对应的原子构件的版本加入复合构件版本中,恢复出原子构件版本与复合构件版本之间的信息。

(5) 演化二叉树生成模块。

演化二叉树生成模块利用构件属性度量模块度量出的原子构件及复合构件的多维属性信息来构造原子构件演化二叉树及复合构件演化二叉树,并将其展示在前台界面中,用户可依据不同的属性组合生成演化二叉树并查看相应的不同相似度阈值下生成的演化二叉树。

(6) 演化历史恢复分析模块。演化历史恢复分析模块在生成演化二叉树并插入节点到演化二叉树的相应位置时会比较两个节点的属性向量的相似度,然后根据设定的不同相似度阈值判定待插入节点应该插入演化二叉树的具体位置,所以演化二叉树的构造受到相似度阈值及构件属性选择的影响。本模块将对比不同相似度阈值和不同属性组合下生成的复合构件演化二叉树与真实系统的演化二叉树的树编辑距离,并将结果显示到前台界面中。

6.2.2 系统流程图

软件演化历史恢复系统的系统流程图如图 6.6 所示,首先读取配置文件的相关信息,判断输入的配置文件是否为空,当配置文件不为空时,进行下一步,生成系统的原子构件及复合构件,并度量这些原子构件或复合构件对应的多维属性信息;然后再利用这些构件多维属性进行演化二叉树的构造以及原子构件和复合构件之间构件版本关系的恢复;最后通过调整演化二叉树构造算法中的相似度阈值及属性组合情况,分析相似度阈值及不同的构件属性对演化二叉树构造的影响。

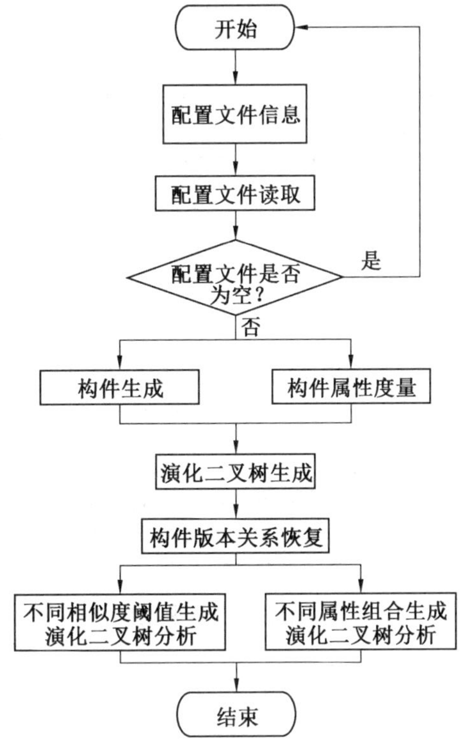

图 6.6　软件演化历史恢复系统的系统流程图

6.3　模块设计与实现

6.3.1　模块设计

1. 配置文件读取模块设计

配置文件读取模块主要用于读取存有软件多个版本的源代码路径及其通过软件体系结构逆向工具得到的簇文件等信息的配置文件，统计待分析系统的版本个数并存储于系统变量之中，以供其他模块使用此配置信息来进行下一步操作。具体操作如下。

(1) 用户打开配置文件选取界面，选取需要分析的系统。

(2) 用户提交选择的配置文件信息，向类 ControllerServlet 发送请求，在类 SARS 的 readSystemVersionProperties( ) 方法中调用类 ConfigService 的 readConfigFile( ) 方法，读取配置文件中系统各版本数据文件的参数并将其保存于类 SARS 的变量 systemVersionProperties 中，并统计要进行分析的系统版本的个数。

配置文件读取模块类图如图 6.7 所示，配置文件读取模块时序图如图 6.8 所示。

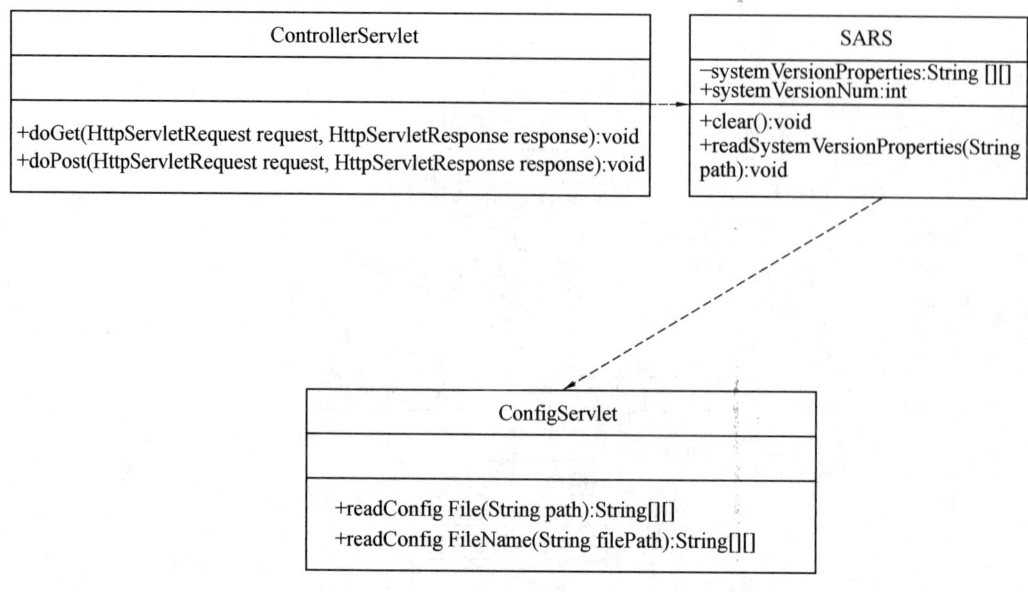

图 6.7　配置文件读取模块类图

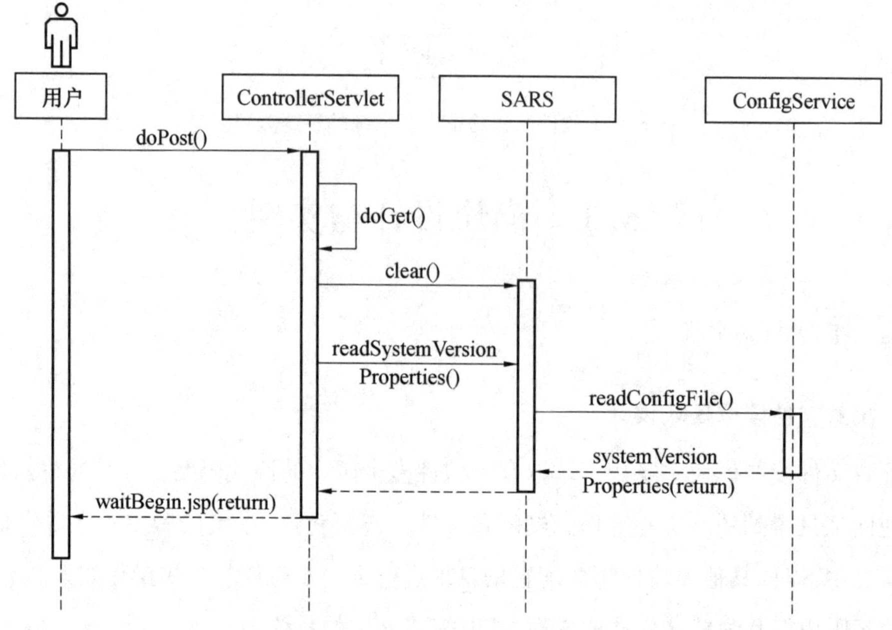

图 6.8　配置文件读取模块时序图

下面介绍本模块中主要使用的类及相关类中的一些方法。

(1) 类 ControllerServlet。

类 ControllerServlet 主要用于控制前后台交互，用户在前台界面中通过选择需要分析的系统，在该类中得到前台所传来的参数，选择并调用类 SARA 的一些方法来读取待分析系统的配置文件。

(2) 类 SARS。

类 SARS 为后台各个模块的主类，其中用于配置文件读取模块的方法为 readSystemVersionProperties()。在读取配置文件时，首先初始化变量 systemVersionNum (待分析系统版本的个数) 和 systemVersionProperties(待分析系统各版本数据文件的配置参数)；然后再通过调用类 ConfigService 的 readConfigFile() 方法将配置文件中的配置信息存入变量 systemVersionProperties 中，通过配置信息统计需要进行分析的系统版本的个数并保存在变量 systemVersionNum 中。

(3) 类 ConfigService。

类 ConfigService 为配置读取模块的主要工作类，通过调用 readConfigFile() 方法实现从配置文件中逐行读取待分析系统的配置信息，将其以一个二维数组的形式存储于变量中，并返回这个变量。

2. 构件生成模块设计

构件生成模块主要通过系统源代码及利用体系结构逆向工具得到的簇文件信息恢复系统不带版本号的原子构件，然后再利用这些恢复的原子构件恢复代表系统的复合构件。具体的操作如下。

(1) 用户选择生成系统的原子构件与复合构件，向类 ControllerServlet 发送构件生成请求至类 SARS。

(2) 类 SARS 首先调用 genearteCompositeComponent() 方法生成所有待分析系统中不带版本号的复合构件，在生成复合构件时调用 getAtomicComponents() 方法生成该复合构架所对应系统中所包含的所有的原子构件。

(3) 恢复所有的原子构件后，通过调用 getAtomicComponentsConnection() 方法生成所有原子构件内部的关联关系及复合构件内部所有原子构件实例之间的关系，然后将所有的原子构件及构件之间的关系添加至复合构件中。

构件生成模块类图如图 6.9 所示，构件生成模块时序图如图 6.10 所示。

下面介绍本模块主要使用的类。

(1) 类 SARS。

类 SARS 为构件生成模块中的主类，在其中封装了复合构件生成以及原子构件生成等相关方法。genearteCompositeComponent() 是生成复合构件的相关方法；getAllAtomicComponents() 是生成原子构件的相关方法。

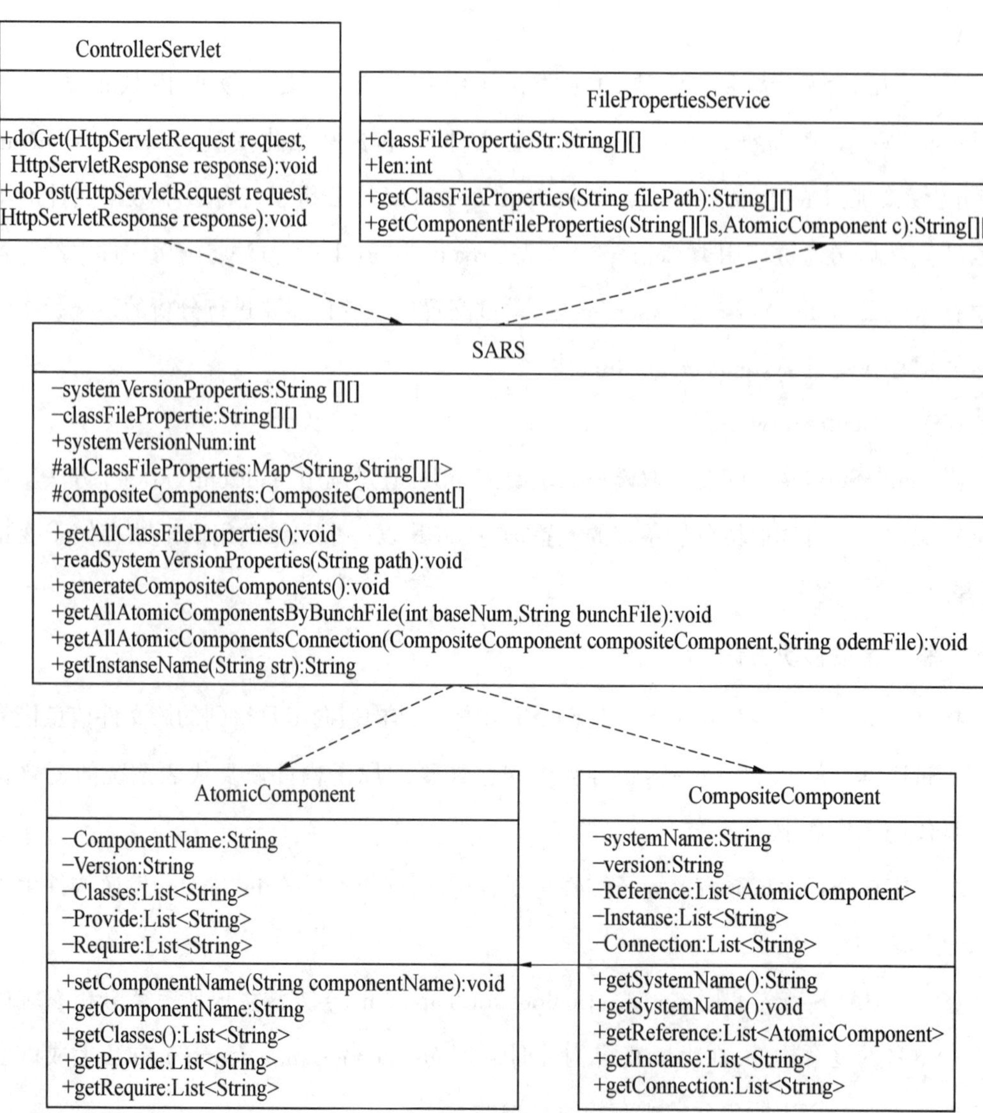

图 6.9　构件生成模块类图

(2) 类 FilePropertiesService。

类 FilePropertiesService 封装了文件属性读取方法,用于获取指定目录下所有类文件的文件名、类文件的最后修改时间及类文件的大小,用来恢复系统的原子构件以及复合构件。

(3) 类 AtomicComponent。

类 AtomicComponent 用于存储原子构件的各项信息。

(4) 类 CompositeComponent。

类 CompositeComponent 用于存储复合构件的各项信息。

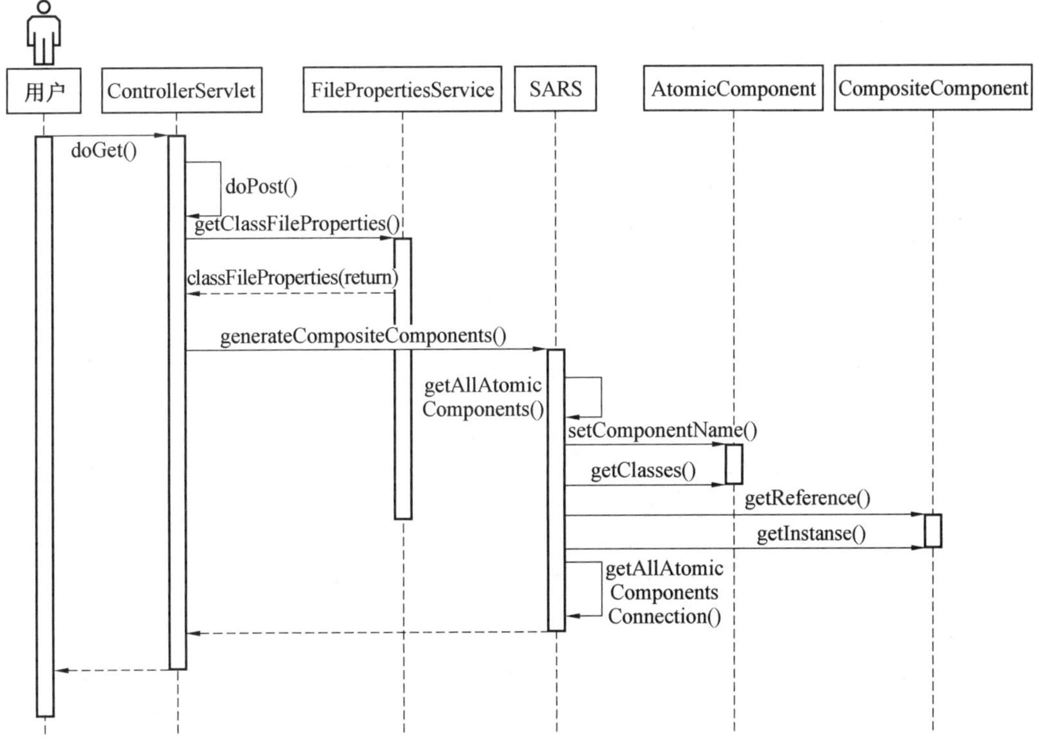

图 6.10　构件生成模块时序图

3. 构件属性度量模块设计

构件属性度量模块的主要功能为度量原子构件及复合构件的多维属性，原子构件的属性包括构件中类的个数、类文件的个数及类文件大小总和(以 KB 为单位)；复合构件的属性主要包括原子构件的个数、原子构件大小的总和(以 MB 为单位)、体系结构大小、有效代码行数及类文件数。具体的操作如下。

(1) 类 SARS 调用 getAtomicComponentProperties( ) 方法度量原子构件的三维属性信息。

(2) 类 SARS 调用 getCompositeComponentProperties( ) 方法度量复合构件的五维属性。首先度量复合构件中原子构件的个数及原子构件大小的总和；然后调用类 CodeCounter 的 CountNormalLines( ) 方法度量系统源代码的有效代码行数；再通过调用类 ErgoleFiles 的 CountJavaFiles( ) 方法度量源代码中所包含的类文件数；最后调用类 GED 的 GEDF( ) 方法度量软件体系结构大小。

构件属性度量模块类图如图 6.11 所示，构件属性度量模块时序图如图 6.12 所示。

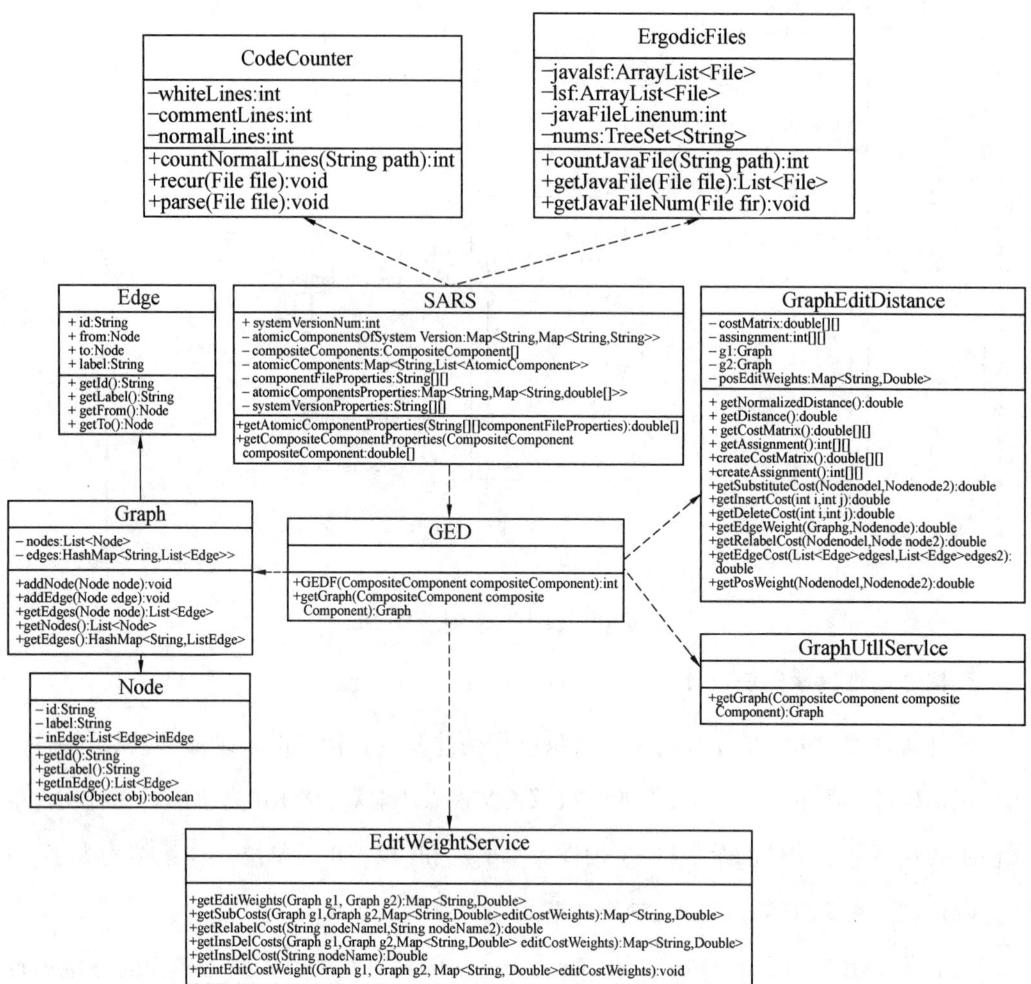

图 6.11　构件属性度量模块类图

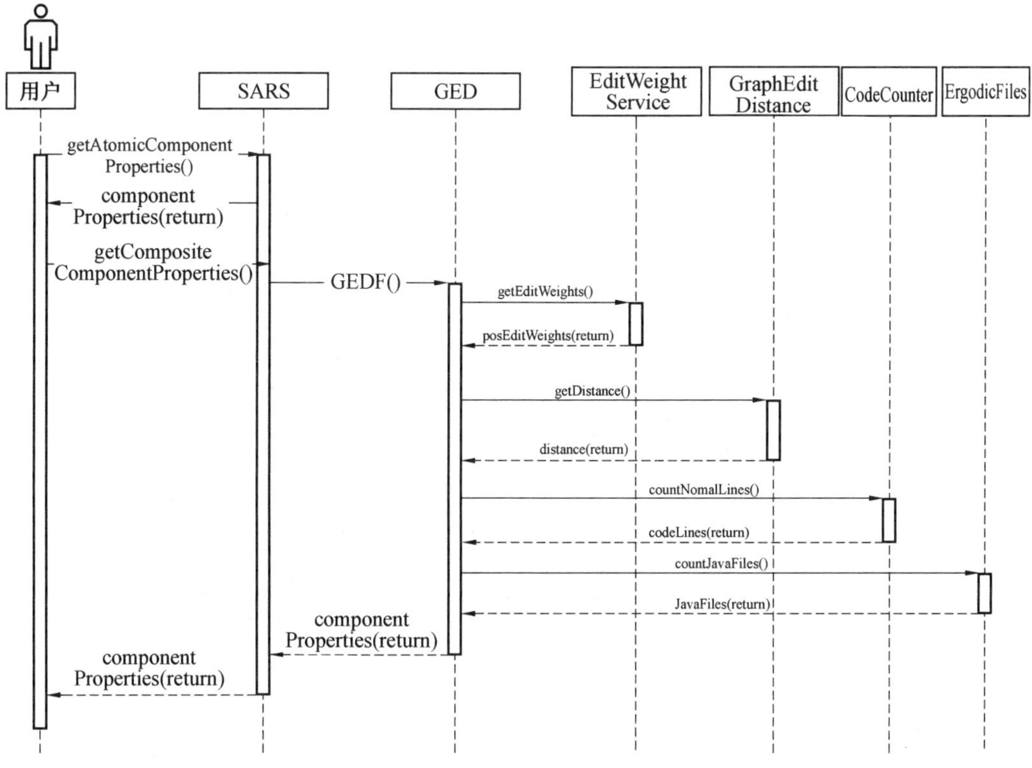

图6.12　构件属性度量模块时序图

4. 构件版本关系恢复模块设计

构件版本关系恢复模块主要用于恢复原子构件与复合构件之间的版本关联关系，也就是要恢复原子构件与复合构件的版本号。

构件版本关系恢复模块类图如图6.13所示，构件版本关系恢复模块时序图如图6.14所示。

下面介绍本模块主要使用的类。

(1) 类 ComponentRelationService。

类 ComponentRelationService 为构件版本关系恢复模块的主类，包括原子构件版本号的恢复方法及复合构件版本号的恢复方法。

(2) 类 AtomicComponentVersionRecovery。

类 AtomicComponentVersionRecovery 用于恢复原子构件的构件版本号。

(3) 类 CompositeComponentVersionRecovery。

类 CompositeComponentVersionRecovery 用于恢复复合构件的构件版本号。

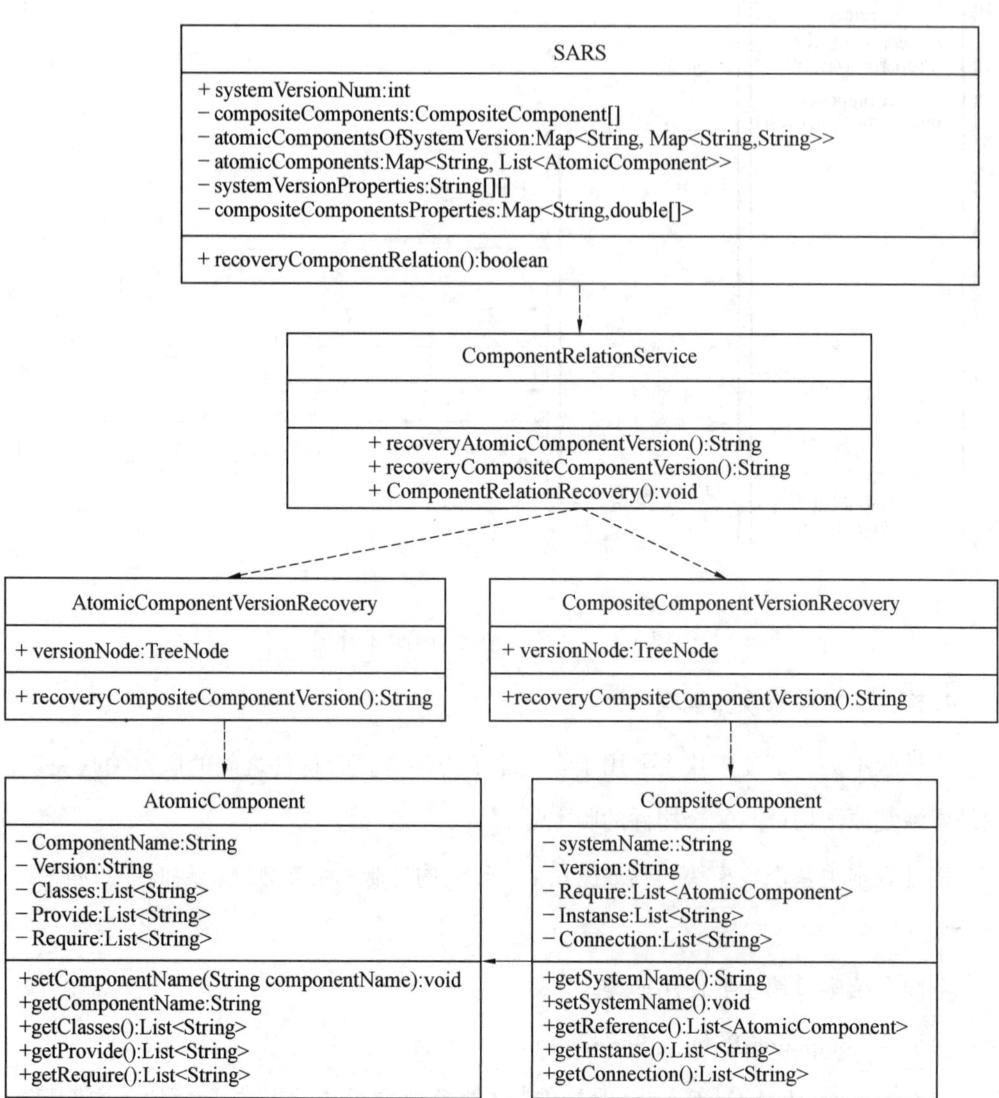

图 6.13　构件版本关系恢复模块类图

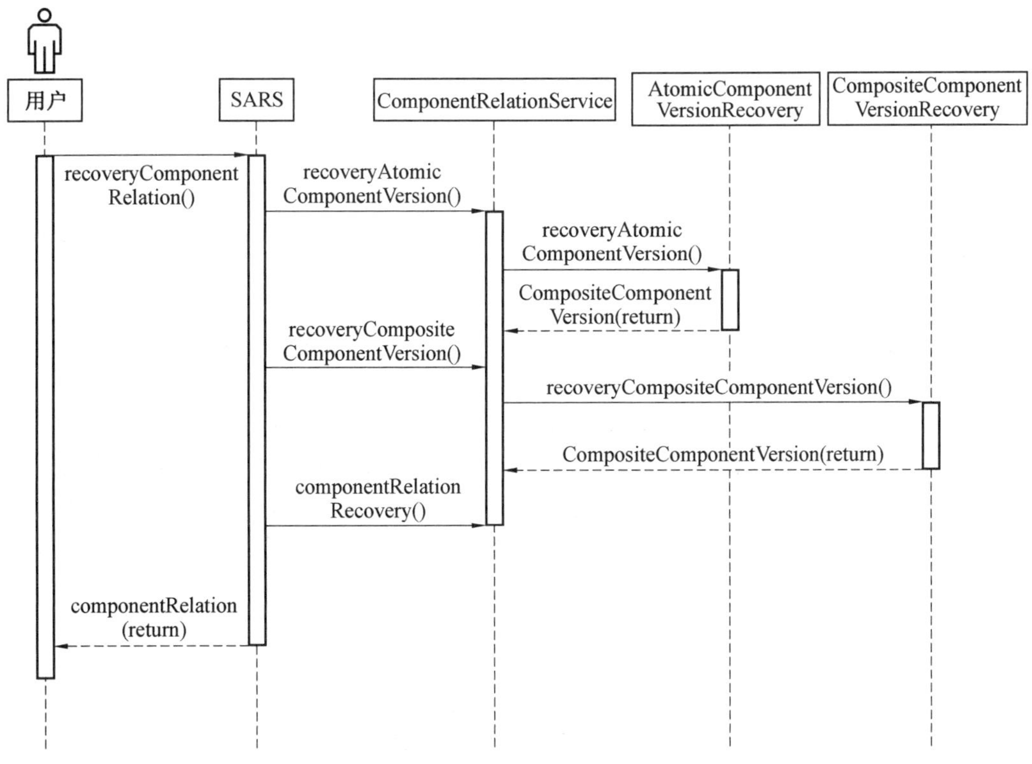

图 6.14　构件版本关系恢复模块时序图

5. 演化二叉树生成模块设计

演化二叉树生成模块的主要功能为实现演化二叉树构造算法构造演化二叉树。具体操作如下。

(1) 类 SARS 调用 generateComponentTree( ) 方法发出生成演化二叉树的请求。

(2) 实例化类 Tree 生成一棵空树,TreeNode 将一个复合构件转化为一个二叉树节点。

(3) 调用类 Tree 中的 AddTreeNode( ) 方法将生成的 TreeNode 节点插入到演化二叉树的合适位置。

演化二叉树生成模块类图如图 6.15 所示,演化二叉树生成模块时序图如图 6.16 所示。

下面介绍本模块使用的主要类。

(1) 类 Tree。

类 Tree 为演化二叉树类。其中,AddTreeNode( ) 方法实现演化二叉树节点插入算法;FindSimilaryTreeNode( ) 方法按层遍历,在树中查找到 TreeNode 最相似的节点;getNextSimilaryTreeNode( ) 方法获取与传入节点次相似的节点;getChangeType( ) 方法用于判断两个构件是否相同,判断时根据这两个构件中的类个数是否相同,如果个数相同,那么是否所有的类名都相同。

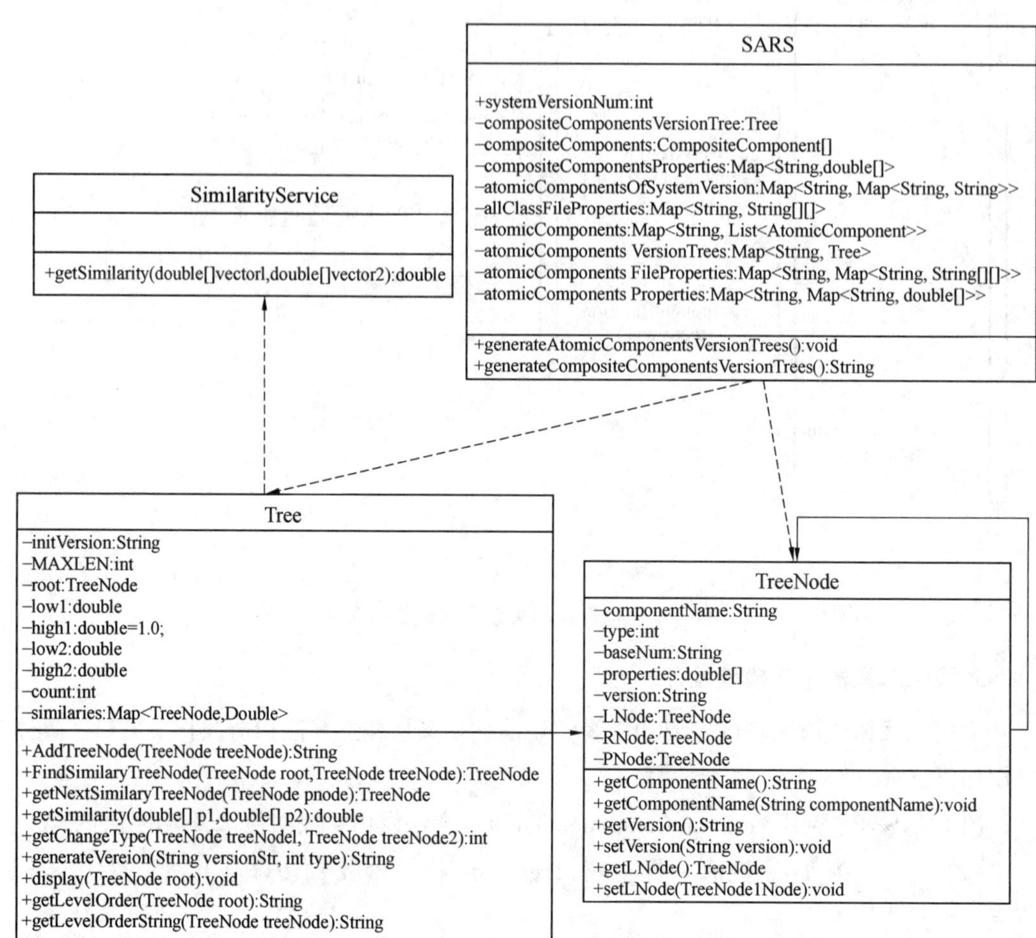

图 6.15　演化二叉树生成模块类图

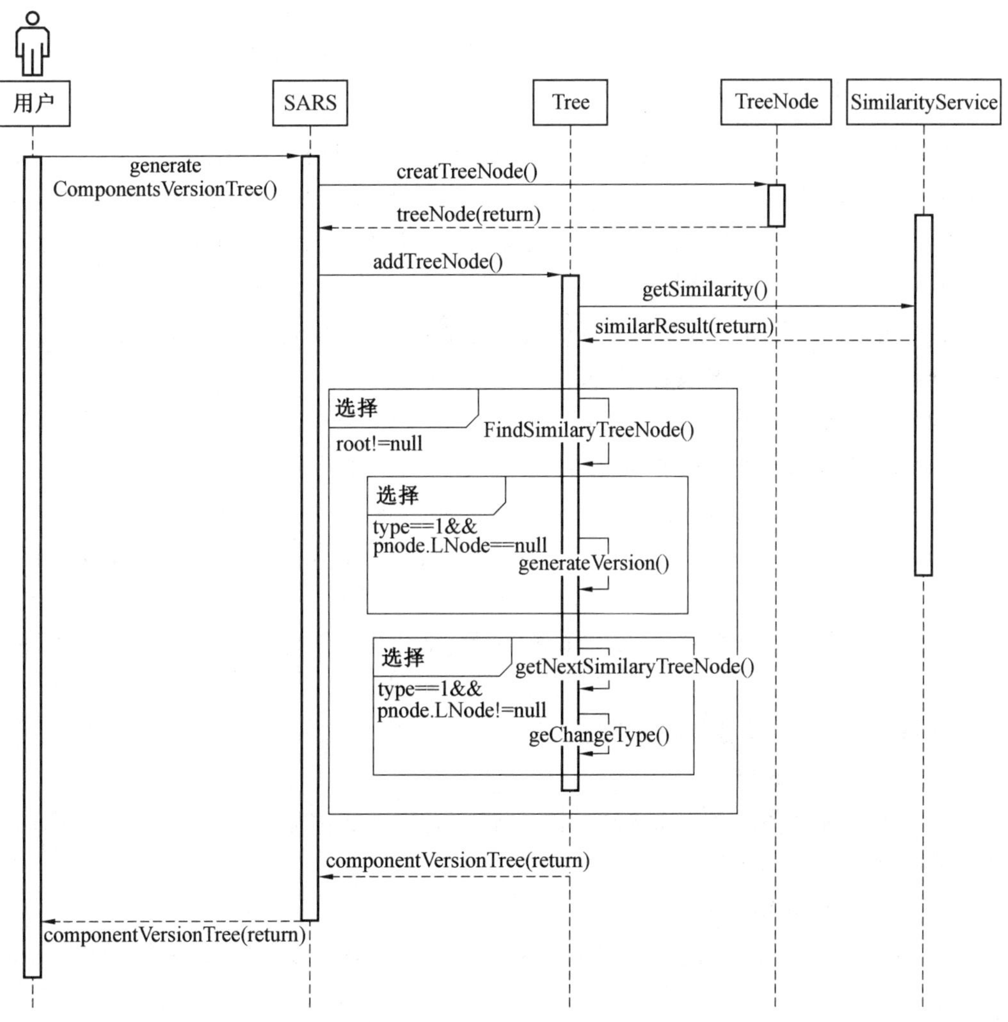

图 6.16　演化二叉树生成模块时序图

(2) 类 TreeNode。

类 TreeNode 定义了演化二叉树的节点类型,其中包括构件的构件名、构件的类型(0 代表原子构件,1 代表复合构件)、构件所有版本的版本基线,以及该节点的多维属性信息、在版本树中的版本号、左右孩子及父节点。

(3) 类 SimilarityService。

类 SimilarityService 用于利用余弦公式计算两个属性向量的相似度。

6. 演化历史恢复分析模块设计

演化历史恢复分析模块的主要功能为分析影响构造演化二叉树的因素,主要的影响因素为相似度阈值和属性组合。本模块利用树编辑距离算法,计算出在不同相似度阈值及不同属性组合的情况下恢复的演化二叉树与真实演化二叉树的树编辑距离,并显示在前台界面展示给用户。具体操作如下。

(1) 用户选择分析查看不同的属性组合情况下构造的演化二叉树与真实演化二叉树的树编辑距离,向类 SARS 发送相应请求。

(2) 类 SARS 首先调用其中的 propertiesAnalyze( ) 方法向类 Combination 发送请求,根据不同的属性组合生成相应的演化二叉树;然后调用类 CreateTreeHelper 中的 makeTee_fromFile( ) 方法来依据读入的文件生成系统真实的演化二叉树;最后类 Combination 对比生成的演化二叉树与读入的真实演化二叉树,计算它们之间的树编辑距离。

演化历史恢复分析模块类图如图6.17 所示,演化历史恢复分析模块时序图如图6.18 所示。

下面介绍本模块主要使用的类。

(1) Combination 类。

Combination 类用于利用所有不同的属性组合来生成演化二叉树并计算其与真实演化二叉树之间的树编辑距离。

(2) CreateTreeHelper 类。

CreateTreeHelper 类用于读入用户输入的文件,将文件记录的真实系统演化二叉树读入系统中。

(3) TreeEditDistanceService 类。

TreeEditDistanceService 类用于调节演化二叉树构造算法中的相似度阈值,在不同的相似度阈值下生成演化二叉树并计算生成的演化二叉树与系统真实的演化二叉树的树编辑距离。

(4) TreeDistance 类。

TreeDistance 类为树编辑距离类用于存储在某个相似度阈值或者某个属性组合下生成的演化二叉树及其与真实演化二叉树的树编辑距离。类中分别用三个变量来存储上述信息。其中,threshold 存储相似度阈值或属性组合;tree 存储在此阈值或属性组合下生成的演化二叉树;treeDistance 存储该演化二叉树与真实演化二叉树的树编辑距离。

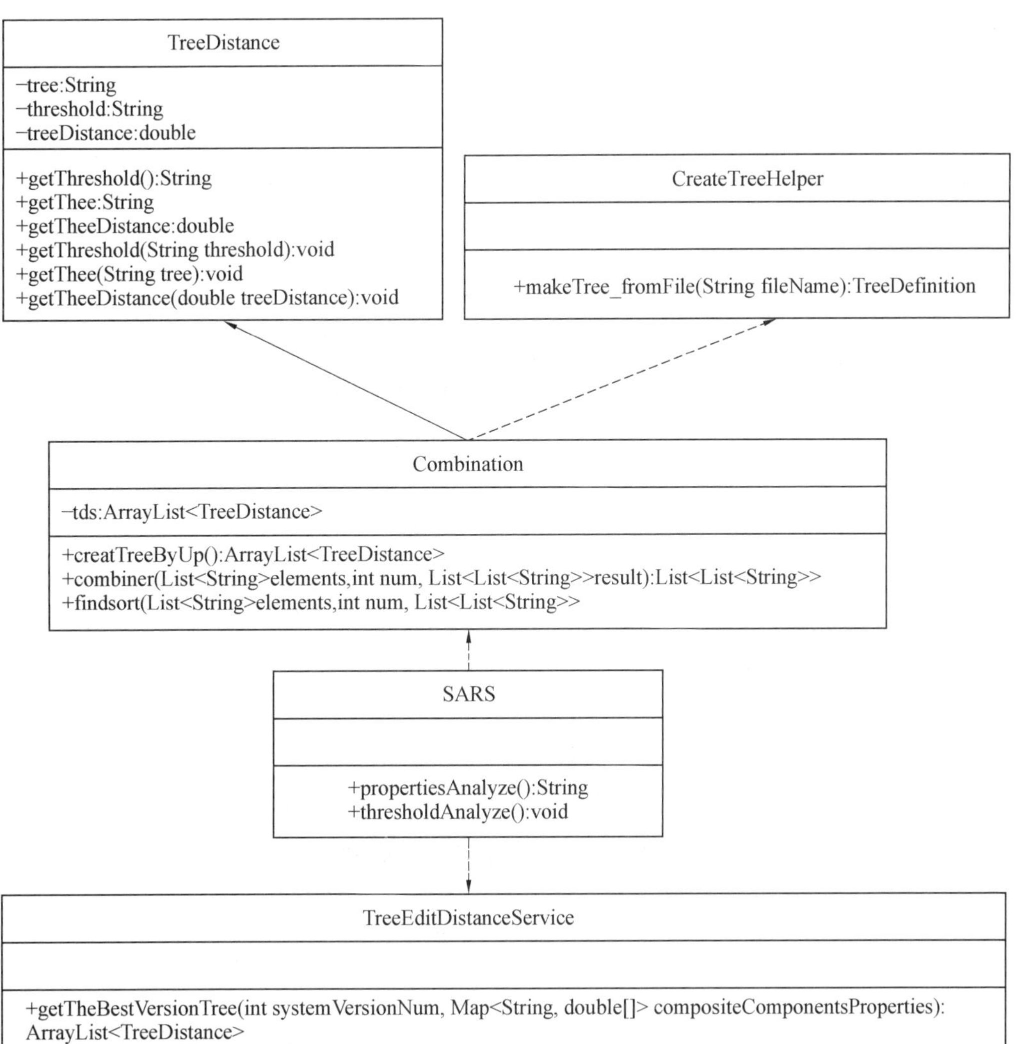

图 6.17　演化历史恢复分析模块类图

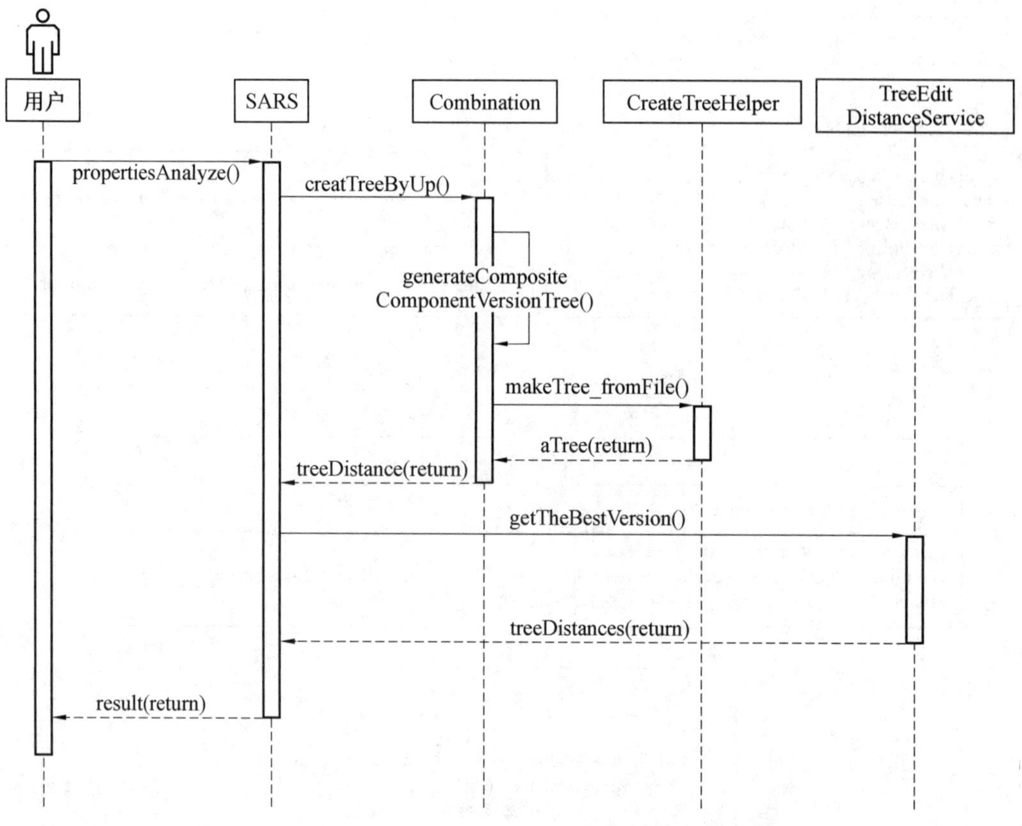

图 6.18　演化历史恢复分析模块时序图

6.3.2　模块实现

1. 配置文件读取模块实现

配置文件读取模块的主要功能为从配置文件中读取待分析系统的各项配置信息并存储于变量中。配置文件读取模块界面图如图 6.19 所示。

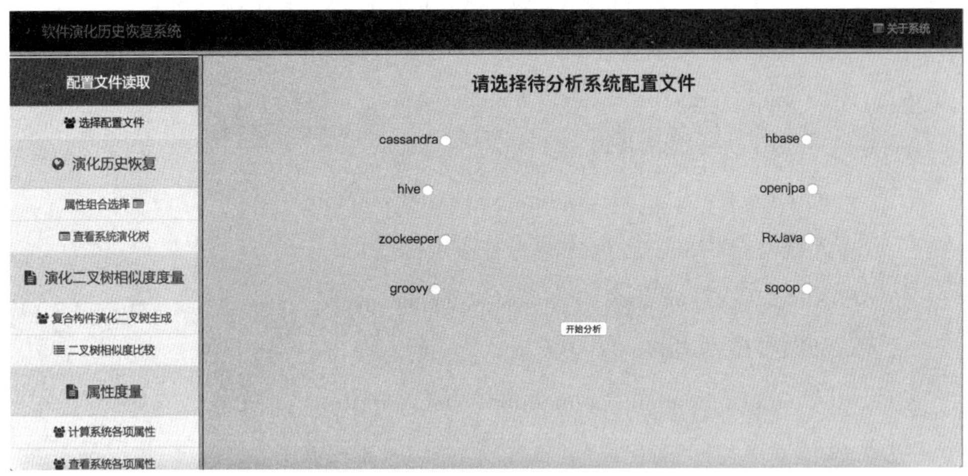

图 6.19　配置文件读取模块界面图

配置文件读取模块的主要代码如下：

```
public static String[][] readConfigFile(String path){
  String[][] s = new String[100][4];// 定义一个数组,用于存放配置文件的路径
  File file = new File(path);
    FileReader fr = new FileReader(file);
    BufferedReader br = new BufferedReader(fr);
    String str = br.readLine();// 逐行读入配置文件
    int len = 1;
    while(str != null && ! str.equals("")){
      s[len++] = str.split("[|]");
      str = br.readLine();
    }
    for(int i = 1; i < len; i++){
      for(int j = 0; j < s[i].length; j++){
        s[i][j] = s[i][j].trim();
    }
  }
  return s;// 返回配置文件信息
}
```

2. 构件生成模块实现

构件生成模块的主要功能为根据读入的系统源代码和簇文件等配置文件信息，恢复出系统的不带版本号的原子构件及复合构件。

构件生成模块的主要实现代码如下：

```
public static void generateCompositeComponents( ) throws IOException{
  // 第 0 个复合构件为空
  compositeComponents[0] = new CompositeComponent( );
  for( int i = 1; i <= systemVersionNum; i ++ ){
    compositeComponents[i] = new CompositeComponent( );
    // 得到该复合构件中所包含的所有原子构件
    getAllAtomicComponents(i, compositeComponents[i], svps[i][0], svps[i][1]);
    // 得到原子构件之间的关联关系
    getAllAtomicComponentsConnection( compositeComponents[i], svps[i][2]);
  }
}
```

3. 构件属性度量模块实现

构件属性度量模块分别度量模块的原子构件及复合构件的多维属性并分别保存在类 AtomicComponent 与类 CompositeComponent 中，用户可按需查看相应的构件属性。构件属性度量模块界面图如图 6.20 所示。

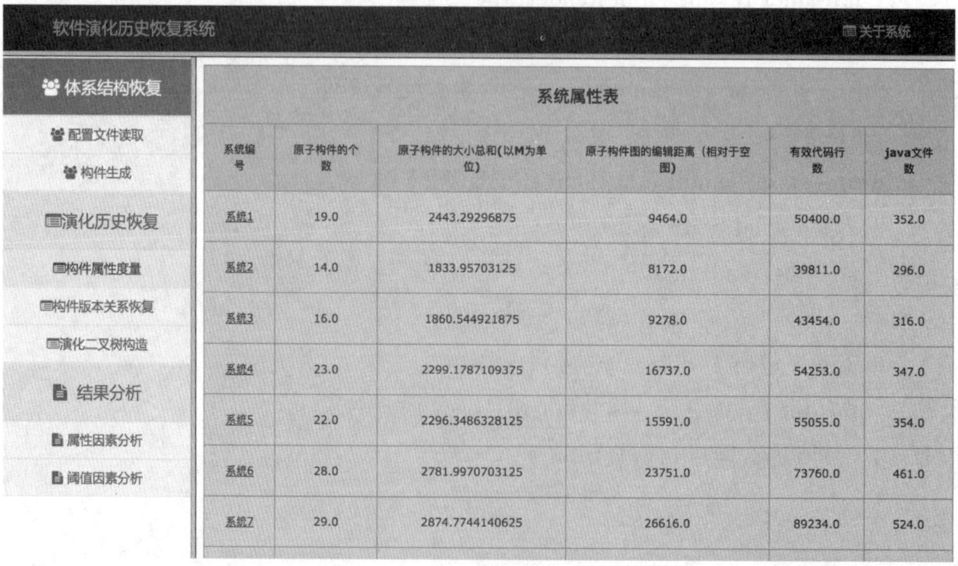
软件演化历史恢复系统
关于系统
体系结构恢复
配置文件读取
构件生成
演化历史恢复
构件属性度量
构件版本关系恢复
演化二叉树构造
结果分析
属性因素分析
阈值因素分析
系统属性表
系统编号
原子构件的个数
原子构件的大小总和(以M为单位)
原子构件图的编辑距离（相对于空图）
有效代码行数
java文件数
系统1 19.0 2443.29296875 9464.0 50400.0 352.0
系统2 14.0 1833.95703125 8172.0 39811.0 296.0
系统3 16.0 1860.544921875 9278.0 43454.0 316.0
系统4 23.0 2299.1787109375 16737.0 54253.0 347.0
系统5 22.0 2296.3486328125 15591.0 55055.0 354.0
系统6 28.0 2781.9970703125 23751.0 73760.0 461.0
系统7 29.0 2874.7744140625 26616.0 89234.0 524.0

图 6.20　构件属性度量模块界面图

构件属性度量模块的主要代码如下：

```
public double[ ] getCCProperties( CompositeComponent cc,int i,String s) {
  String[ ] userChoiceProperties = s. split( "," ) ;
  double[ ] res = new double[5];// 复合构件的多维属性数组
  double size = 0.0;
  // 计算原子构件的个数
  if( Arrays. asList( userChoiceProperties). contains( "a" ) ) {
    res[0] = Double. valueOf( compositeComponent. getReference( ). size( ) ) ;
  }
  // 原子构件大小的总和
  List < AtomicComponent > acs = compositeComponent. getReference( ) ;
  for( AtomicComponent ac : acs) {
    double[ ] cps = acps. get( ac. getComponentName( ) ). get( ac. getVersion( ) ) ;
    size = size + componentProperties[2];
  }
  if( Arrays. asList( userChoiceProperties). contains( "b" ) ) {
    res[1] = size;
  }
  // 体系结构大小(原子构件的图编辑距离,相对于空图)
  if( Arrays. asList( userChoiceProperties). contains( "c" ) ) {
    res[2] = Double. valueOf( GED. GEDF( compositeComponent) ) ;
  }
  // 有效代码行数
  CodeCounter c = new CodeCounter( ) ;
  double d = c. countNormalLines( systemVersionProperties[i][0]) ;
  if( Arrays. asList( userChoiceProperties). contains( "d" ) ) {
    res[3] = d;
  }
  // 类文件数
  if( Arrays. asList( userChoiceProperties). contains( "e" ) ) {
    ErgodicFiles e = new ErgodicFiles( ) ;
    res[4] = e. countJavaFiles( systemVersionProperties[i][0]) ;
```

```
    }
    return res;
}
```

4. 构件版本关系恢复模块实现

构件版本关系恢复模块主要用于恢复出当前原子构件与复合构件之间版本组成的关系,也就是要恢复出每个系统所含有的所有原子构件的版本号,并将结果展示给用户。

构件版本关系恢复模块的主要实现代码如下:

```
public String generateVersion(String versionStr, int type){// 生成版本号
    String version = null;
    StringBuilder sb = new StringBuilder();
    // 如果 type = 1,版本号的最后一位加 1
    if(type == 1){
        String[] versions = versionStr.trim().split("[.]");
        String s = versions[versions.length - 1];
        s = String.valueOf((Integer.parseInt(s) + 1));
        for(int i = 0; i < versions.length - 1; i ++){
            sb.append(versions[i]).append(".");
        }
        sb.append(s);
        version = sb.toString();
    }
    // 如果 type = 2,版本号的位数扩展
    else if(type == 2){
        version = versionStr +".0";
    }
    return version;
}
```

5. 演化二叉树生成模块实现

演化二叉树生成模块的主要功能为根据构件的属性信息来构造演化二叉树,用户可自由选择不同属性的组合来生成演化二叉树并将生成的结果展示到前台界面。演化二叉树生成模块界面图如图 6.21 所示。

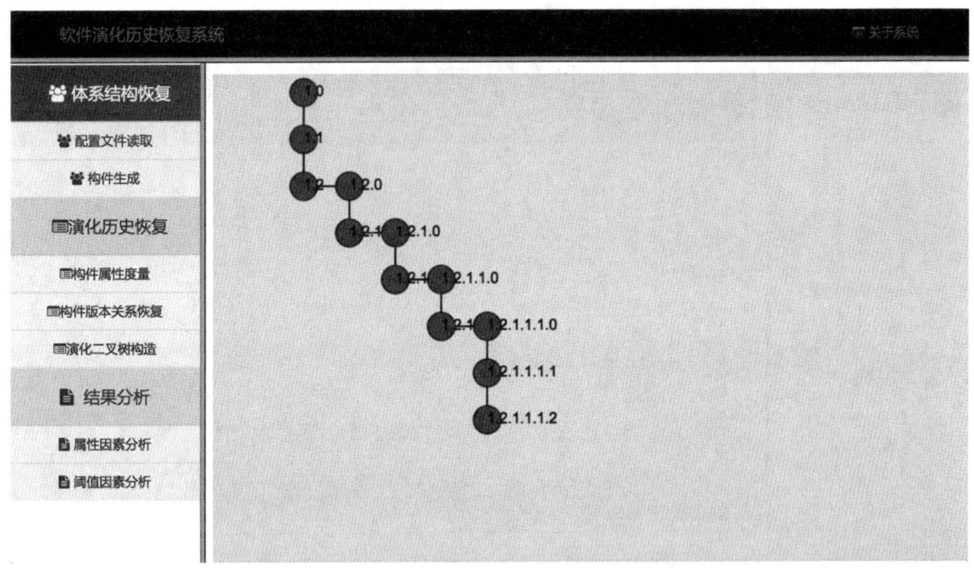

图 6.21　演化二叉树生成模块界面图

演化二叉树生成模块的主要实现代码如下：

```
public static String generateCompositeComponentsTree(String uc){
  compositeComponentsVersionTree.root = null;
  for(int i = 1; i <= systemVersionNum; i ++){
    double[ ] cProperties = getProperties(compositeComponents[i],i,uc);
  // 生成一个复合构件
  TreeNode treeNode = new TreeNode("s" + i, 1, baseNumStr(i), cProperties);
  compositeComponentsProperties.put(baseNumStr(i), componentProperties);
  }
  String tree = compositeTree.getLevelOrder(compositeComponentsTree.root);
  return tree;// 返回复合构件演化二叉树
}
```

6. 演化历史恢复分析模块实现

演化历史恢复分析模块主要对比了不同相似度阈值及不同属性组合下恢复出的演化二叉树与真实演化二叉树，计算出了它们之间的树编辑距离并将结果展示到前台界面。演化历史恢复分析模块界面图如图 6.22 所示。

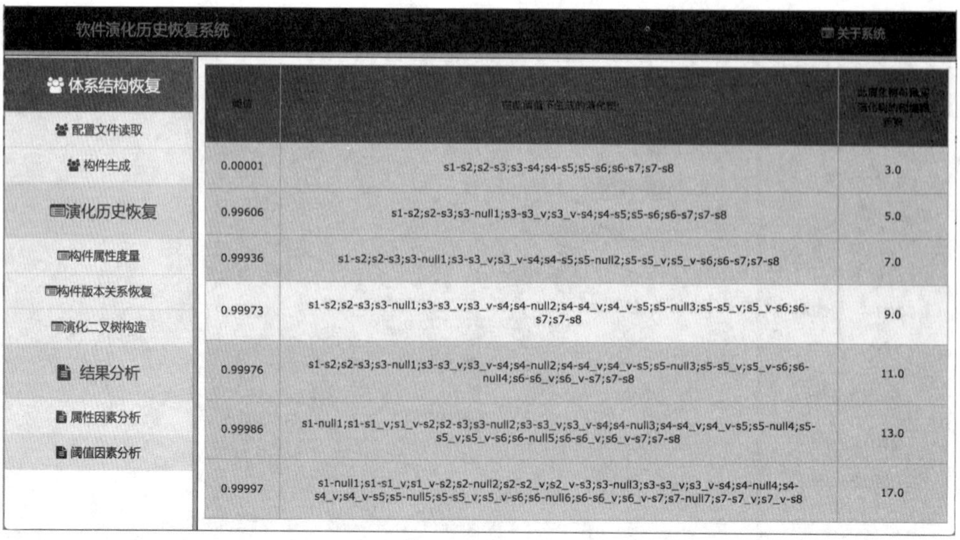

软件演化历史恢复系统　　关于系统

体系结构恢复
配置文件读取
构件生成
演化历史恢复
构件属性度量
构件版本关系恢复
演化二叉树构造
结果分析
属性因素分析
阈值因素分析

[illegible]	[illegible]	[illegible]
0.00001	s1-s2;s2-s3;s3-s4;s4-s5;s5-s6;s6-s7;s7-s8	3.0
0.99606	s1-s2;s2-s3;s3-null1;s3-s3_v;s3_v-s4;s4-s5;s5-s6;s6-s7;s7-s8	5.0
0.99936	s1-s2;s2-s3;s3-null1;s3-s3_v;s3_v-s4;s4-s5;s5-null2;s5-s5_v;s5_v-s6;s6-s7;s7-s8	7.0
0.99973	s1-s2;s2-s3;s3-null1;s3-s3_v;s3_v-s4;s4-null2;s4-s4_v;s4_v-s5;s5-null3;s5-s5_v;s5_v-s6;s6-s7;s7-s8	9.0
0.99976	s1-s2;s2-s3;s3-null1;s3-s3_v;s3_v-s4;s4-null2;s4-s4_v;s4_v-s5;s5-null3;s5-s5_v;s5_v-s6;s6-null4;s6-s6_v;s6_v-s7;s7-s8	11.0
0.99986	s1-null1;s1-s1_v;s1_v-s2;s2-s3;s3-null2;s3-s3_v;s3_v-s4;s4-null3;s4-s4_v;s4_v-s5;s5-null4;s5-s5_v;s5_v-s6;s6-null5;s6-s6_v;s6_v-s7;s7-s8	13.0
0.99997	s1-null1;s1-s1_v;s1_v-s2;s2-null2;s2-s2_v;s2_v-s3;s3-null3;s3-s3_v;s3_v-s4;s4-null4;s4-s4_v;s4_v-s5;s5-null5;s5-s5_v;s5_v-s6;s6-null6;s6-s6_v;s6_v-s7;s7-null7;s7-s7_v;s7_v-s8	17.0

图 6.22　演化历史恢复分析模块界面图

演化历史恢复分析模块的主要实现代码如下：

```
public ArrayList < TreeDistance > getTheBestTree(int n, Map < String, double[ ]
> ccps){
    TreeDefinition aTree = null; // 存储真实系统演化二叉树
    ArrayList < TreeDistance > tds = new ArrayList < TreeDistance > ( );
    ComparisonZhangShasha treeCorrector = new ComparisonZhangShasha( );
    OpsZhangShasha costs = new OpsZhangShasha( );
    // 读入真实系统演化二叉树
    aTree = CreateTreeHelper. makeTree_fromFile( "/SASR/ATrees/aTree. txt" );
    double[ ][ ] cps = new double[n + 1][ ];
    TreeNode[ ] treeNodes = new TreeNode[n + 1];// 定义一个树节点的集合
    for(int i = 1; i < = n; i + + ){
        cps[i] = ccps. get(String. valueOf(i) );
        // 生成一个复合构件
        treeNodes[i] = new TreeNode( "s" + i, 1, String. valueOf(i), cps[i]);
    }
    DecimalFormat df = new DecimalFormat( "0.00000" );
    double low2 = 0.00001;// 最低相似度阈值
```

```
    double high2 = 1.0;// 最高相似度阈值
    double increment = 0.00001;// 每次增加的相似度阈值
    String preTree ="";
    double preCost = 0.0;
    while(low2 < high2){// 当最低相似度阈值小于最高相似度阈值时
      Tree tree = new Tree();
      tree.setLow2(low2); // 将生成二叉树的相似度阈值设为 low2
      for(int i = 1; i <= n; i ++){// 循环将所有的树节点插入树中
        tree.AddTreeNode(treeNodes[i]);
      }
      // 将生成的演化二叉树转换成树编辑距离算法对应的格式
      TreeDefinition bTree = CreateTreeHelper.makeTree(tree);
      // 比较生成的演化二叉树与真实系统演化二叉树
      Transformation transform = treeCorrector.findDistance(aTree, bTree, costs);
      if(preCost != transform.getCost()){
        preCost = transform.getCost();
    }
    }
    return tds;// 返回树编辑距离类的集合
}
```

第 7 章　影响软件演化历史恢复结果的比较实验

7.1　实验目的

本书提出的演化历史恢复方法在构造构件演化二叉树时候受到设定的相似度阈值和构件属性的影响,并且不同的体系结构逆向技术恢复出的系统的体系结构也是不相同的,其对最终的构件演化二叉树也会造成影响。为探寻这些因素对演化二叉树生成结果的影响,本实验的目的主要是:在不同的相似度阈值下分别利用 Bunch 和 ACDC 体系结构逆向技术恢复出的复合构件生成演化二叉树,并与真实系统的演化二叉树进行对比,计算出此时的树编辑距离,分析相似度阈值对构造演化二叉树的影响;在不同的属性组合下分别利用 Bunch 和 ACDC 体系结构逆向技术恢复出的复合构件生成演化二叉树,分别计算其与真实系统演化二叉树的树编辑距离,分析属性组合对构造演化二叉树的影响。

在计算恢复出的复合构件演化二叉树与真实系统的演化二叉树的树编辑距离时,本书更加关注的是树整体的形态是否一致。恢复出的复合构件演化二叉树的版本号与真实系统的版本号不一致会对计算树编辑距离的结果造成影响,因此在计算树编辑距离时本书统一根据版本基线来设定其相应的版本号,使得在两棵演化二叉树中同一版本基线下的构件版本号是一致的。

7.2　实验内容

本书针对演化二叉树的生成设计了两组实验,分别为不同相似度阈值下生成的演化二叉树分析与不同属性组合下生成的演化二叉树分析,在两组实验中分别展示了不同体系结构逆向技术(Bunch、ACDC) 对实验结果的影响。本书选取了四个开源软件系统,分别为 cassandra、HBase、hive、OpenJPA,开源软件版本表见表 7.1。

表7.1　开源软件版本表

版本基线	cassandra	HBase	hive	OpenJPA
1	0.3.0	0.1.0	0.3.0	1.0.1
2	0.4.1	0.1.3	0.4.1	1.0.3
3	0.5.1	0.18.0	0.5.0	1.1.0
4	0.6.2	0.19.0	0.6.0	1.2.0
5	0.6.5	0.19.3RC1	0.7.0	1.2.1
6	0.7.0	0.20.2	0.7.1	1.2.2
7	0.7.5	0.89.20100621	0.8.1	2.0.0
8	0.7.8	0.89.20100924RC1	0.9.0	2.0.0 - M3
9		0.90.2		2.0.1
10		0.90.4		2.1.0
11		0.92.0		2.1.1
12		0.94.0		2.2.0

由于存储这些开源软件的版本管理系统中只存储有软件系统的演化历史,因此可以根据这些开源系统的真实版本人工构造出每个开源系统真实系统的演化二叉树。但其中并没有存储各软件系统中原子构件的演化历史,无法人工构造出每种原子构件真实系统的演化二叉树。因此,本书在实验过程中只计算了恢复出的复合构件演化二叉树与真实的系统演化二叉树之间的树编辑距离,分析影响演化二叉树生成的影响因素。

7.2.1　不同相似度阈值下生成演化二叉树实验

在构造软件演化二叉树时,二叉树的构造算法是基于两个节点的相似度差异来决定下一个节点应该插入其父节点的什么位置的。每个系统逆向生成的原子构件和复合构件在经由演化二叉树逆向生成规则时,都需要设定一个相似度阈值,并且相似度阈值不同也会导致生成的构件演化二叉树在结构上存在差异。为比较利用本方法恢复出的构件演化二叉树和真实的系统演化二叉树之间的差异,本书使用树编辑距离算法计算逆向生成的构件演化二叉树转化成真实的系统演化二叉树所要花费的最小代价,并列举出在不同的相似度阈值取值情况下最小代价是如何变化的。

1. 使用 Bunch 的实验结果

首先使用 Bunch 算法恢复出系统的体系结构即复合构件,然后通过本书提出的演化二叉树构造算法构造复合构件演化二叉树,使用 Bunch 在相似度阈值的各种取值情况下的树的编辑距离见表7.2。根据表7.2中的数据,画出四个开源系统逆向生成的复合构件演化二叉树与真实系统的演化二叉树之间的树编辑距离随相似度阈值取值的变化图

(图7.1)。

表 7.2　使用 Bunch 在相似度阈值的各种取值情况下的树的编辑距离

cassandra	相似度阈值	0.000 01 ~ 0.918 48	0.918 48 ~ 0.941 58	0.941 58 ~ 0.943 53	0.943 53 ~ 0.962 22	0.962 22 ~ 0.994 71	0.994 71 ~ 0.999 76	0.999 76 ~ 0.999 95	0.999 95 ~ 1	
	树编辑距离	3	5	7	9	11	13	15	17	
HBase	相似度阈值	0.000 01 ~ 0.963 91	0.963 91 ~ 0.987 70	0.987 70 ~ 0.992 27	0.992 27 ~ 0.994 51	0.994 51 ~ 0.997 04	0.997 04 ~ 0.997 83	0.997 83 ~ 0.998 11	0.998 11 ~ 0.998 42	0.998 42 ~ 1
	树编辑距离	12	14	16	17	19	21	23	25	33
hive	相似度阈值	0.000 01 ~ 0.972 32	0.995 61 ~ 0.990 19	0.999 90 ~ 0.998 99	0.998 99 ~ 0.999 94	0.999 94 ~ 0.999 99	1			
	树编辑距离	3	5	7	9	11	16			
OpenJPA	相似度阈值	0.000 01 ~ 0.999 14	0.999 14 ~ 0.999 49	0.999 49 ~ 0.999 74	0.999 74 ~ 0.999 78	0.999 78 ~ 0.999 80	0.999 80 ~ 0.999 82	0.999 82 ~ 0.999 83	0.999 83 ~ 0.999 84	0.999 84 ~ 1
	树编辑距离	16	17	19	21	23	25	27	29	31

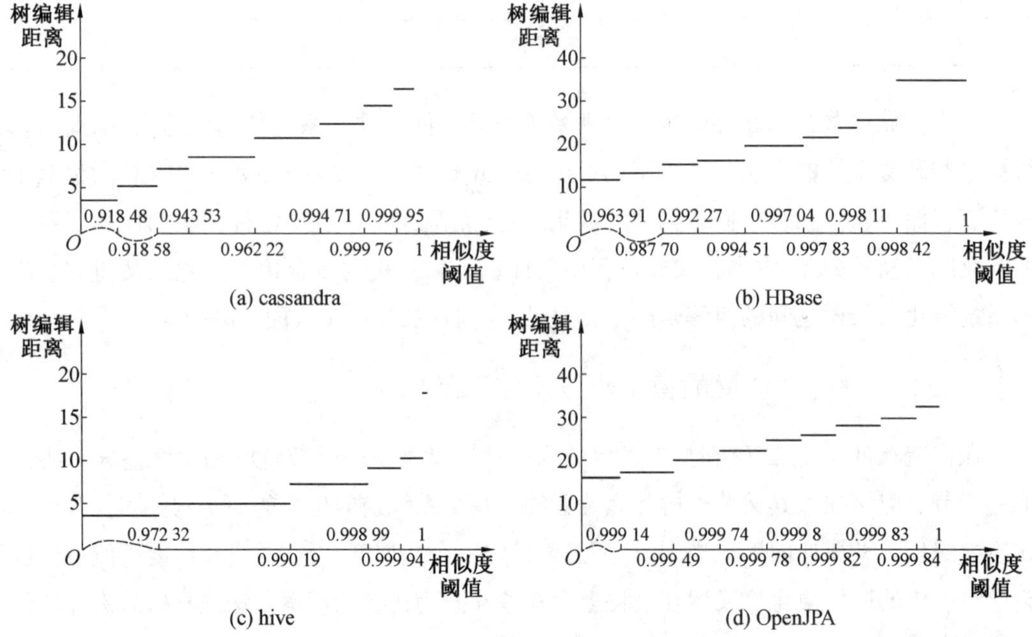

图 7.1　不同相似度阈值所对应的树编辑距离的变化

2. 使用 ACDC 的实验结果

首先使用 ACDC 算法恢复出系统的体系结构即复合构件,然后通过本书提出的演化二叉树构造算法构造复合构件演化二叉树,使用 ACDC 在相似度阈值的各种取值情况下的树的编辑距离见表7.3。根据表7.3 中的数据,画出四个开源系统逆向生成的复合构件演化二叉树与真实系统的演化二叉树之间的编辑距离随相似度阈值取值的变化图(图 7.2)。

表 7.3　使用 ACDC 在相似度阈值的各种取值情况下的树的编辑距离

cassandra	相似度阈值	0.000 01 ~ 0.998 11	0.998 12 ~ 0.999 49	0.999 50 ~ 0.999 56	0.999 57 ~ 0.999 73	0.999 74 ~ 0.999 95	0.999 96 ~ 0.999 99	1		
	树编辑距离	4	5	7	9	11	14	16		
HBase	相似度阈值	0.000 01 ~ 0.978 26	0.978 27 ~ 0.999 48	0.999 49 ~ 0.999 69	0.999 70 ~ 0.999 77	0.999 78 ~ 0.999 90	0.999 91 ~ 0.999 93	0.999 94 ~ 0.999 95	0.999 96 ~ 0.999 99	1
	树编辑距离	8	10	12	14	16	18	20	24	30
hive	相似度阈值	0.000 01 ~ 0.995 60	0.995 61 ~ 0.999 89	0.999 90 ~ 0.999 92	0.999 93	0.999 94 ~ 0.999 98	0.999 99	1		
	树编辑距离	2	4	6	8	10	12	16		
OpenJPA	相似度阈值	0.000 01 ~ 0.999 87	0.999 88 ~ 0.999 93	0.999 94 ~ 0.999 96	0.999 97	0.999 98 ~ 0.999 99	1			
	树编辑距离	12	15	17	19	25	33			

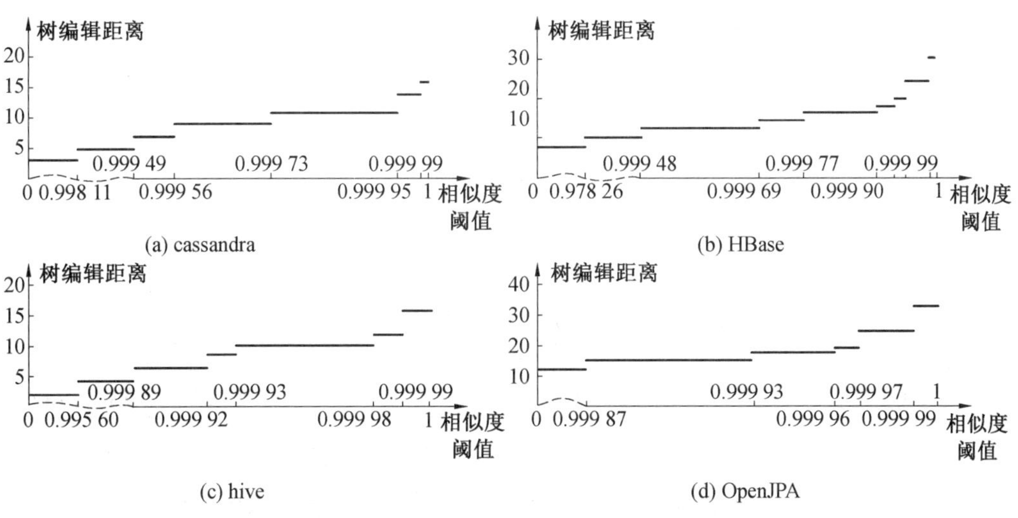

(a) cassandra　(b) HBase

(c) hive　(d) OpenJPA

图 7.2　不同相似度阈值所对应的树编辑距离的变化

3. 实验分析

从上述两组实验的实验结果可以看出，无论使用哪一种体系结构逆向技术，相似度阈值取值在一些区域时，逆向生成的复合构件演化二叉树与真实系统的演化二叉树之间的编辑距离都是相同的，即取这些区域内的相似度阈值时，逆向生成的复合构件演化二叉树是相同的。此外，还可以看出，随着相似度阈值取值逐渐增大，逆向生成的复合构件演化二叉树与真实的系统演化二叉树之间的树编辑距离呈阶梯式的增长趋势，并当相似度阈值取值为 1 时，树编辑距离达到最大。也就是说，相似度阈值取值设定偏小时恢复的演化二叉树与真实系统的演化二叉树最为相似。以 cassandra 为例，其在阈值小于 0.918 48 时恢复出的复合构件演化二叉树与真实系统演化二叉树最为相似，使用 Bunch 恢复出的演化二叉树与真实系统演化二叉树的树编辑距离为 3，使用 ACDC 的则为 4。cassandra 软件演化二叉树示例如图 7.3 所示。其中，图 7.3(a) 表示使用 Bunch 恢复出的 cassandra 复合构件演化二叉树，图 7.3(b) 表示使用 ACDC 恢复出的 cassandra 复合构件演化二叉树，图 7.3(c) 为本书根据所取的 cassandra 系统版本号和演化二叉树的构造思想所人工构造出的真实系统演化二叉树。

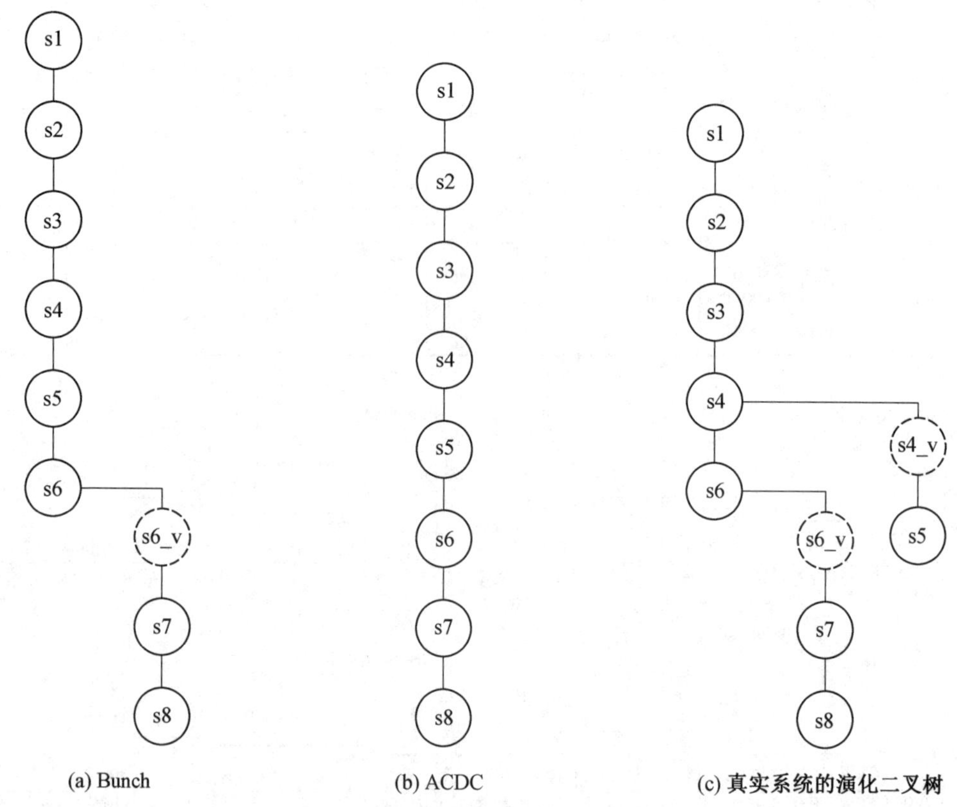

图 7.3　cassandra 软件演化二叉树示例

由以上结果可以看出，不同的体系结构逆向工具会对演化二叉树的构造造成影响，使用 Bunch 恢复的演化二叉树更接近真实系统演化二叉树，并且恢复演化二叉树的效果随着相似度阈值的增大而降低，所以在构造演化二叉树时设定的最佳相似度阈值不应过高。

7.2.2　不同属性组合下生成演化二叉树的实验

本书提出的演化二叉树构造基于第 4 章度量出的软件系统及其构件的多维属性，不同的属性所生成的演化二叉树也是不同的，在构造演化二叉树之前需得到相应构件的多维属性。因此，本节首先度量了上述选取的四个开源系统的相应属性；然后在实验中利用所有不同的属性组合来生成演化二叉树，并计算出其与真实系统演化二叉树的树编辑距离。下文将分别展示四个系统的实验结果，用图的形式展示不同的属性组合下生成的演化二叉树与真实系统演化二叉树的树编辑距离。其中，a、b、c、d、e 分别代表原子构件的个数、原子构件大小的总和、体系结构大小、有效代码行数及类文件数，用分号间隔开不同的属性组合。

1. 实验结果展示

(1)cassandra 实验结果。

cassandra 属性表见表 7.4。

表 7.4　cassandra 属性表

版本基线	原子构件的个数		原子构件大小的总和		体系结构大小		有效代码行数		类文件数	
	Bunch	ACDC	Bunch	ACDC	Bunch	ACDC	Bunch	ACDC	Bunch	ACDC
1	12	19	2 443		8 188	9 464	50 400		352	
2	9	14	1 833		5 561	8 172	39 811		296	
3	21	16	1 860		19 131	9 278	43 454		316	
4	23	23	2 299		23 201	16 737	54 253		347	
5	27	22	2 296		30 587	15 591	55 055		354	
6	12	28	2 782		12 156	23 751	73 760		461	
7	40	29	2 875		57 198	26 616	89 234		524	
8	17	29	2 875		21 267	26 018	89 930		525	

cassandra 使用 Bunch 在不同属性组合下的树编辑距离如图 7.4 所示，cassandra 使用 ACDC 在不同属性组合下的树编辑距离如图 7.5 所示。

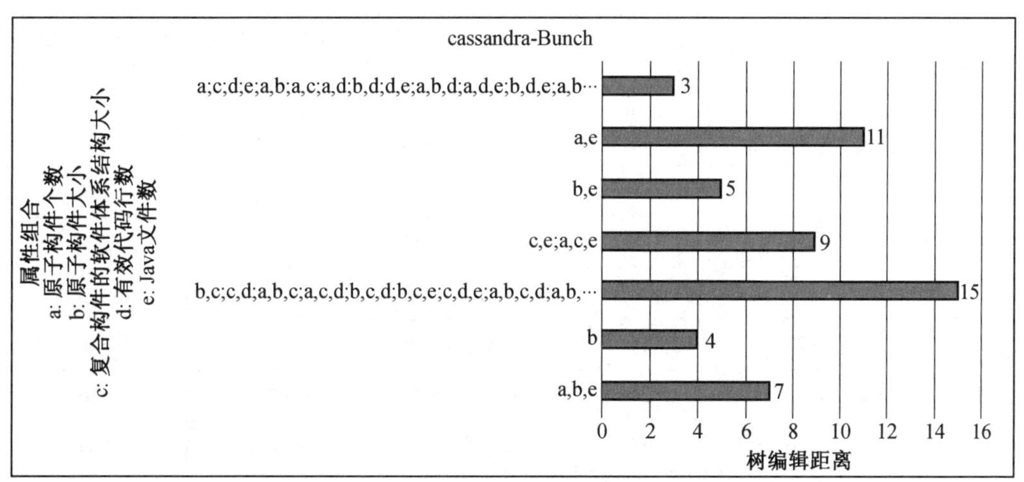

图 7.4　cassandra 使用 Bunch 在不同属性组合下的树编辑距离

由图 7.4、图 7.5 可以看出，对于 cassandra 系统，使用 ACDC 恢复其演化二叉树的最佳属性组合较多，恢复效果较好的单个属性影响分别为体系结构大小、有效代码行数及类文件数，恢复的演化二叉树与真实系统演化二叉树的树编辑距离最小为 3；而使用 Bunch

恢复出的演化二叉树与真实系统演化二叉树的树编辑距离最小也为 3，其属性影响比使用 ACDC 多一个原子构件的个数。也就是说，恢复 cassandra 系统的演化二叉树，选用这些属性生成的演化二叉树与真实系统的演化二叉树最相似。

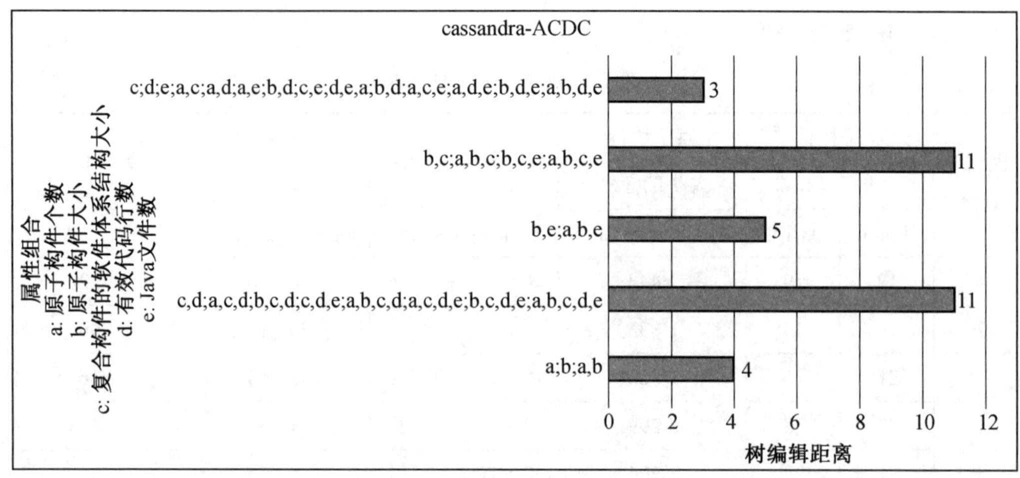

图 7.5　cassandra 使用 ACDC 在不同属性组合下的树编辑距离

（2）HBase 实验结果。

HBase 属性表见表 7.5。

表 7.5　HBase 属性表

<table>
<tr><th rowspan="2">版本基线</th><th colspan="2">原子构件的个数</th><th colspan="2">原子构件大小的总和</th><th colspan="2">体系结构大小</th><th colspan="2">有效代码行数</th><th colspan="2">类文件数</th></tr>
<tr><th>Bunch</th><th>ACDC</th><th>Bunch</th><th>ACDC</th><th>Bunch</th><th>ACDC</th><th>Bunch</th><th>ACDC</th><th>Bunch</th><th>ACDC</th></tr>
<tr><td>1</td><td>19</td><td>13</td><td colspan="2">1 439</td><td>13 157</td><td>3 423</td><td colspan="2">38 881</td><td colspan="2">220</td></tr>
<tr><td>2</td><td>15</td><td>12</td><td colspan="2">1 445</td><td>8 793</td><td>3 471</td><td colspan="2">39 070</td><td colspan="2">223</td></tr>
<tr><td>3</td><td>27</td><td>15</td><td colspan="2">1 885</td><td>26 311</td><td>9 867</td><td colspan="2">49 205</td><td colspan="2">280</td></tr>
<tr><td>4</td><td>26</td><td>16</td><td colspan="2">1 878</td><td>23 935</td><td>10 335</td><td colspan="2">52 873</td><td colspan="2">308</td></tr>
<tr><td>5</td><td>27</td><td>17</td><td colspan="2">1 891</td><td>28 577</td><td>12 089</td><td colspan="2">54 713</td><td colspan="2">315</td></tr>
<tr><td>6</td><td>33</td><td>22</td><td colspan="2">2 365</td><td>32 876</td><td>13 916</td><td colspan="2">97 759</td><td colspan="2">546</td></tr>
<tr><td>7</td><td>34</td><td>23</td><td colspan="2">2 774</td><td>36 647</td><td>15 485</td><td colspan="2">106 286</td><td colspan="2">530</td></tr>
<tr><td>8</td><td>36</td><td>26</td><td colspan="2">2 865</td><td>40 325</td><td>19 534</td><td colspan="2">110 426</td><td colspan="2">564</td></tr>
<tr><td>9</td><td>32</td><td>35</td><td colspan="2">3 365</td><td>36 048</td><td>24 884</td><td colspan="2">128 674</td><td colspan="2">640</td></tr>
<tr><td>10</td><td>15</td><td>35</td><td colspan="2">3 390</td><td>19 496</td><td>25 795</td><td colspan="2">130 180</td><td colspan="2">646</td></tr>
<tr><td>11</td><td>15</td><td>40</td><td colspan="2">4 418</td><td>16 118</td><td>34 292</td><td colspan="2">184 494</td><td colspan="2">886</td></tr>
<tr><td>12</td><td>23</td><td>48</td><td colspan="2">5 637</td><td>29 725</td><td>37 490</td><td colspan="2">246 062</td><td colspan="2">1 055</td></tr>
</table>

HBase 使用 Bunch 在不同属性组合下的树编辑距离如图 7.6 所示,HBase 使用 ACDC 在不同属性组合下的树编辑距离如图 7.7 所示。

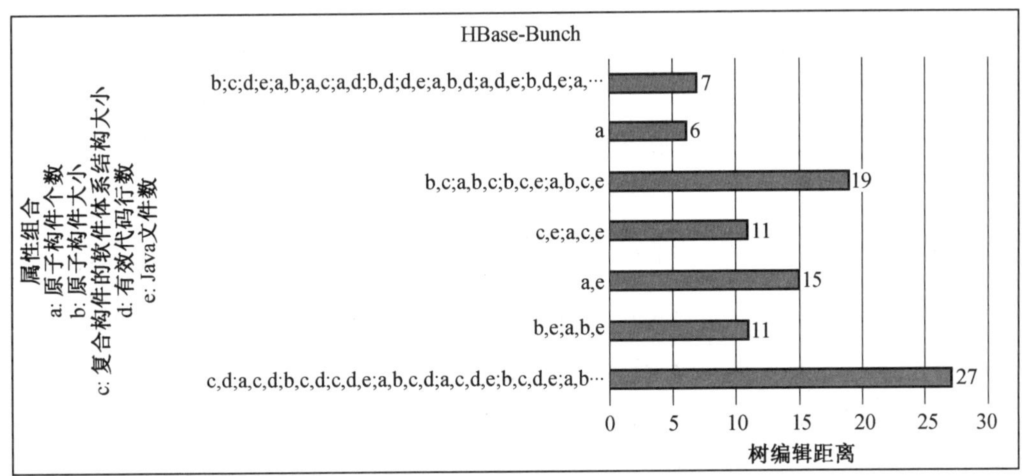

图 7.6　HBase 使用 Bunch 在不同属性组合下的树编辑距离

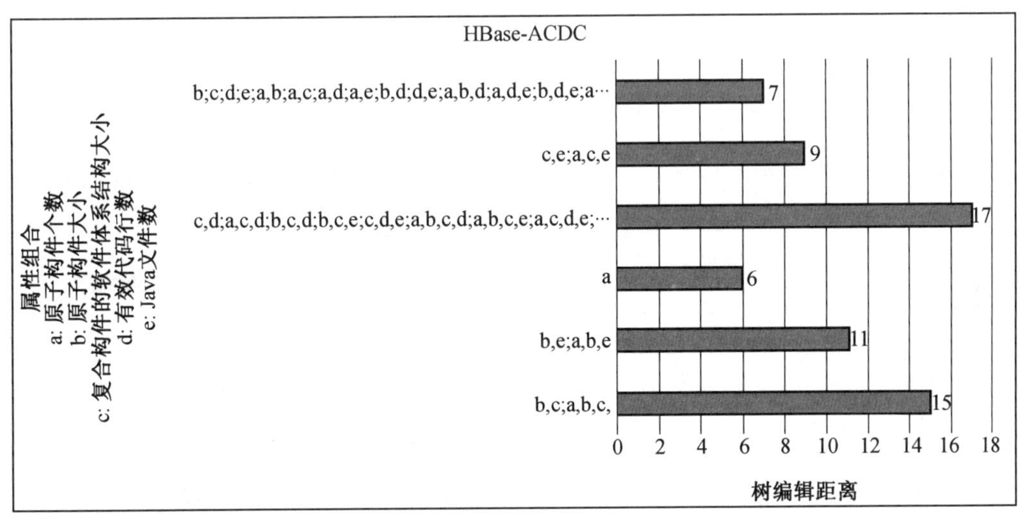

图 7.7　HBase 使用 ACDC 在不同属性组合下的树编辑距离

由图7.6和图7.7可以看出,无论是使用Bunch还是ACDC恢复HBase系统的演化二叉树,其恢复效果比较好的属性影响均为原子构件的大小,在此属性下生成的演化二叉树与真实系统演化二叉树的树编辑距离最小为6。

(3)hive 实验结果。

hive 属性表见表 7.6。

表 7.6　hive 属性表

版本基线	原子构件的个数		原子构件大小的总和		体系结构大小		有效代码行数		类文件数	
	Bunch	ACDC	Bunch	ACDC	Bunch	ACDC	Bunch	ACDC	Bunch	ACDC
1	18	19	1 834		8 188	7 449	66 153		511	
2	6	34	2 920		5 561	19 627	92 523		770	
3	9	37	3 156		19 131	19 642	106 924		860	
4	18	40	3 575		23 201	22 329	131 365		979	
5	18	46	4 027		30 587	27 260	189 919		1 100	
6	21	46	4 027		12 156	28 216	190 162		1 102	
7	19	54	4 564		57 198	35 758	220 893		1 283	
8	20	55	4 660		21 267	35 525	225 960		1 326	

hive 使用 Bunch 在不同属性组合下的树编辑距离如图 7.8 所示，hive 使用 ACDC 在不同属性组合下的树编辑距离如图 7.9 所示。

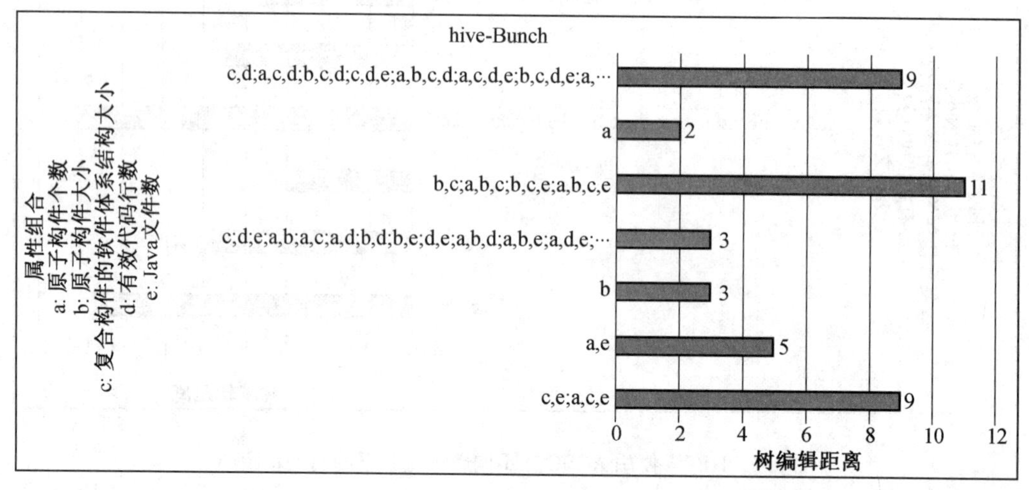

图 7.8　hive 使用 Bunch 在不同属性组合下的树编辑距离

由图 7.8 和图 7.9 可以看出，使用 Bunch 恢复 hive 系统的演化二叉树时，恢复效果较好的属性影响为原子构件个数，其恢复出的演化二叉树与真实系统的演化二叉树的编辑距离最小为 2；而使用 ACDC 时有两组结果最小都为 3，这是因为在这两组属性组合下生成的演化二叉树的形态不同，只是其与真实系统演化二叉树的树编辑距离一样都为 3。这些属性组合中包含了所选取的五个属性。也就是说，对于 hive 系统，所有选取的属性对于恢复其演化二叉树都比较合适。

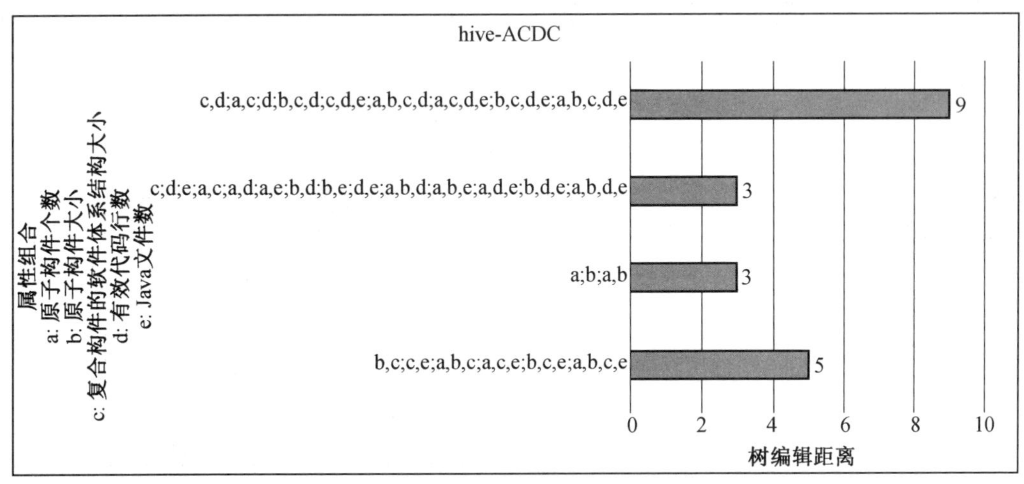

图7.9　hive使用ACDC在不同属性组合下的树编辑距离

(4)OpenJPA 实验结果。

OpenJPA 属性表见表7.7。

表7.7　OpenJPA 属性表

版本基线	原子构件的个数		原子构件大小的总和		体系结构大小		有效代码行数		类文件数	
	Bunch	ACDC	Bunch	ACDC	Bunch	ACDC	Bunch	ACDC	Bunch	ACDC
1	21	31	7 551.759 766		32 826	35 290	153 082		1 287	
2	22	31	7 559.740 234		29 634	34 990	155 635		1 323	
3	22	33	7 591.630 859		34 491	34 447	215 204		2 180	
4	20	33	7 635.002 93		31 621	36 123	224 134		2 296	
5	21	33	7 635.002 93		31 654	37 433	227 279		2 348	
6	21	33	7 635.002 93		32 041	34 627	232 478		2 459	
7	29	40	8 815.292 969		55 814	42 300	353 384		3 836	
8	26	39	8 678.357 422		41 868	45 272	326 957		3 582	
9	29	40	8 815.292 969		49 410	45 294	354 929		3 853	
10	27	41	8 956.458 984		46 950	44 327	395 416		4 120	
11	31	41	8 956.458 984		54 812	45 361	396 380		4 131	
12	25	42	9 154.184 57		39 102	44 576	406 895		4 262	

OpenJPA 使用 Bunch 在不同属性组合下的树编辑距离如图7.10所示，OpenJPA 使用 ACDC 在不同属性组合下的树编辑距离如图7.11所示。

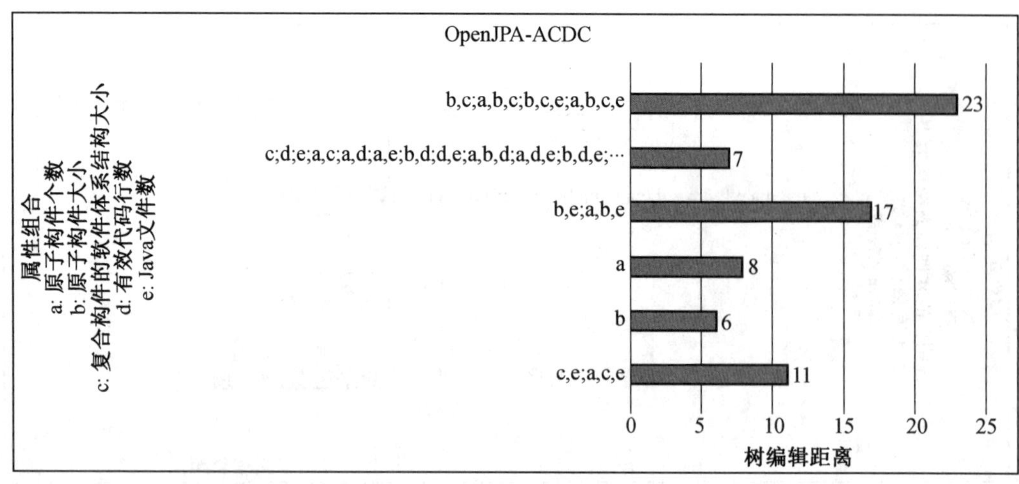

图 7.10 OpenJPA 使用 Bunch 在不同属性组合下的树编辑距离

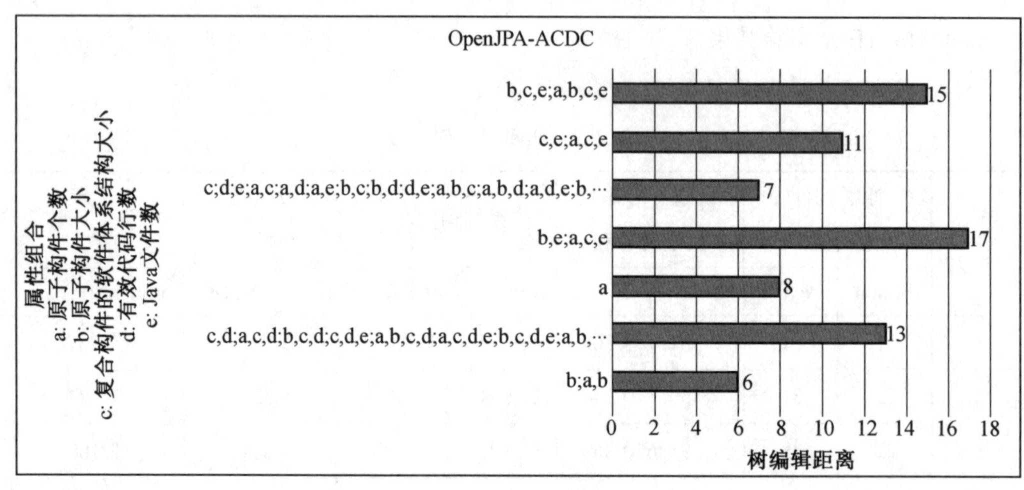

图 7.11 OpenJPA 使用 ACDC 在不同属性组合下的树编辑距离

由图7.10和图7.11可以看出,使用Bunch和使用ACDC恢复OpenJPA系统的演化二叉树较为合适的属性影响都为原子构件大小的总和,在此属性下生成的演化二叉树与真实系统演化二叉树的树编辑距离最小都为6。

2. 实验分析

由上述四个系统的实验结果可以看出,对于选取的不同系统,利用Bunch或ACDC恢复其演化二叉树的合适属性可能是不同的,也可能是相同的,不同的软件系统有其最合适的属性来恢复其系统的演化二叉树。通过本书所选取的一些属性还尚未能找到一个能适用于所有系统的属性来恢复软件的演化二叉树,使其与真实系统的演化二叉树最为接近。但是使用本书的方法中的一些属性恢复出的系统演化二叉树与真实系统的演化二叉树已经很接近了,并且可以通过使用本方法找到最适合的待分析软件的属性,然后再利用该属性来恢复其对应演化二叉树。

7.3　利用马尔可夫链对演化趋势的预测

7.3.1　马尔可夫链简介

马尔可夫链是一组具有马尔可夫性质的离散随机变量的集合,其是在 1907 年由俄国数学家安德雷·马尔可夫提出的一种随机过程。马尔可夫链是一种特殊的马尔可夫随机过程,其定义如下。

设有马尔可夫过程$\{X_t, t \in T\}$。其中,$T = \{0, 1, \cdots\}$代表的是离散的时间集合;X_t代表的是状态在时间 t 时系统所处的状态,其可取值的状态集合为 $S = \{s_1, s_2, \cdots\}$。若对于任意的 $t \in T$ 和任意的 $s_1, s_2, \cdots \in S$,条件概率满足

$$P\{X_{n+1} = s_{n+1} \mid X_0 = s_0, X_1 = s_1, \cdots, X_n = s_n\} = P\{X_{n+1} = s_{n+1} \mid X_n = s_n\}$$

则称$\{X_t, t \in T\}$为马尔可夫链。

马尔可夫链的马尔可夫性质又称“无后效性”或“无记忆性”,即当前状态的随机变量 X_{t+1} 只与其前一个时段的状态 X_t 有关,而与其他时段的状态无关。具体的介绍由上述定义可知:

$$\begin{aligned}P\{X_0 = s_0, X_1 = s_1, \cdots, X_n = s_n\} &= P\{X_n = s_n \mid X_0 = s_0, X_1 = s_1, \cdots, X_{n-1} = s_{n-1}\} \\ &\quad P\{X_0 = s_0, X_1 = s_1, \cdots, X_{n-1} = s_{n-1}\} \\ &= P\{X_n = S_n \mid X_{n-1} = S_{n-1}\} P\{X_0 = s_0, \\ &\quad X_1 = s_1, \cdots, X_{n-1} = s_{n-1}\} \\ &= \cdots = P\{X_n = S_n \mid X_{n-1} \\ &= S_{n-1}\} P\{X_{n-1} = S_{n-1} \mid X_{n-2} = S_{n-2}\} \cdots \\ &\quad P\{X_1 = S_1 \mid X_0 = S_0\} P\{X_0 = S_0\}\end{aligned}$$

由此可知,马尔可夫链中的条件概率 $P\{X_{n+1} = s_{n+1} \mid X_n = s_n\}$ 起决定性的作用,所以如何确定这个条件概率是首先要解决的问题。

条件概率 $P\{X_{n+1} = i \mid X_n = j\}$ 的含义为系统在 n 时刻处于状态 i 的条件下,在 $n+1$ 时刻处于 j 状态的概率,将此条件概率记为 $P_{ij}(n)$,即

$$P_{ij}(n) = P\{X_{n+1} = i \mid X_n = j\}$$

又称马尔可夫链在 n 时刻的状态 i 转移到 $n+1$ 时刻的状态 j 的概率。

由一步转移概率 P_{ij} 组成的矩阵 $\boldsymbol{P}$ 称为一步转移概率矩阵,当状态空间 $S = \{1, 2, \cdots, n\}$ 时,有

$$\boldsymbol{P} = \begin{bmatrix} p_{11} & p_{12} & p_{13} & \cdots & p_{1n} \\ p_{21} & p_{22} & p_{23} & \cdots & p_{2n} \\ p_{31} & p_{32} & p_{33} & \cdots & p_{3n} \\ \vdots & \vdots & \vdots & & \vdots \\ p_{n1} & p_{n2} & p_{n3} & \cdots & p_{nn} \end{bmatrix}$$

一步转移概率矩阵 $\boldsymbol{P}$ 具有如下性质:

(1) $P_{ij} \geqslant 0, i,j \in S$;

(2) $\sum_{j \in s} P_{ij} = 1, i \in S$,即一步转移概率矩阵中任一行元素的概率之和为 1。

马尔可夫链的有限维分布完全由其一步转移概率矩阵及初始向量决定,因此只要确定了一个马尔可夫链的初始向量和一步转移概率矩阵,就确定了该马尔可夫链。在一步转移概率矩阵的基础上,还有 n 步转移矩阵,具体在文献[44]中给出有关马尔可夫链的 n 步转移矩阵的详细介绍。

设 $P_j = P\{X_0 = j\}$ 和 $P_j(t) = P\{X_n = j\}$ 为马尔可夫链 $\{X_t, t \in T\}$ 的初始概率和绝对概率,并分别称 $\{P_j, j \in S\}$ 和 $\{P_j(t), j \in S\}$ 为马尔可夫链 $\{X_t, t \in T\}$ 的初始分布和绝对分布。将概率向量 $\boldsymbol{P}^{\mathrm{T}}(t)$ 称为 t 时刻的绝对概率向量,$\boldsymbol{P}^{\mathrm{T}}(0)$ 称为初始概率向量。其中,$\boldsymbol{P}^{\mathrm{T}}(t) = (P_1(t), P_2(t), \cdots, P_s(t))(t > 0)$;$\boldsymbol{P}^{\mathrm{T}}(0) = (p_1, p_2, \cdots, p_s)$。对于任意的 $j \in S, n \geqslant 1$,绝对概率 $P_j(t)$ 具有如下性质:

(1) $p_j(t) = \sum_{i \in S} p_i p_{ij}(t)$;

(2) $p_j(t) = \sum_{i \in S} p_i(t-1) p_{ij}$;

(3) $\boldsymbol{P}^{\mathrm{T}}(t) = \boldsymbol{P}^{\mathrm{T}}(0)\boldsymbol{P}(t)$;

(4) $\boldsymbol{P}^{\mathrm{T}}(t) = \boldsymbol{P}^{\mathrm{T}}(t-1)\boldsymbol{P}(t)$。

在实际生活中,马尔可夫链被广泛应用于预测股票的涨跌、企业产品的市场占有率及天气情况等,马尔可夫链的每一个可观测状态可以对应于一个可观测的物理事件,利用之前收集到的历史数据构造出马尔可夫链模型的转移概率矩阵和初始向量来预测系统的下一步走势。

7.3.2　利用马尔可夫进行软件演化预测

在软件的演化过程中,其新版本的更新一般都是在上个版本的基础上进行的,大部分与之前的版本是没有关系的,其与马尔可夫链的无后效性是一致的,所以本节将马尔可夫链应用于软件演化趋势的预测。如上文所述,软件的演化过程可以量化为软件一些属性的改变。在软件进行演化时,其实可以视为软件属性在发生着改变,下文将利用马尔可夫链对软件属性的演化趋势进行预测。

本书选取了 HBase 系统的演化过程中的36个历史版本作为实验数据,利用其前20个版本的演化数据预测之后的属性演化趋势。HBase 系统属性变化图如图 7.12 所示。

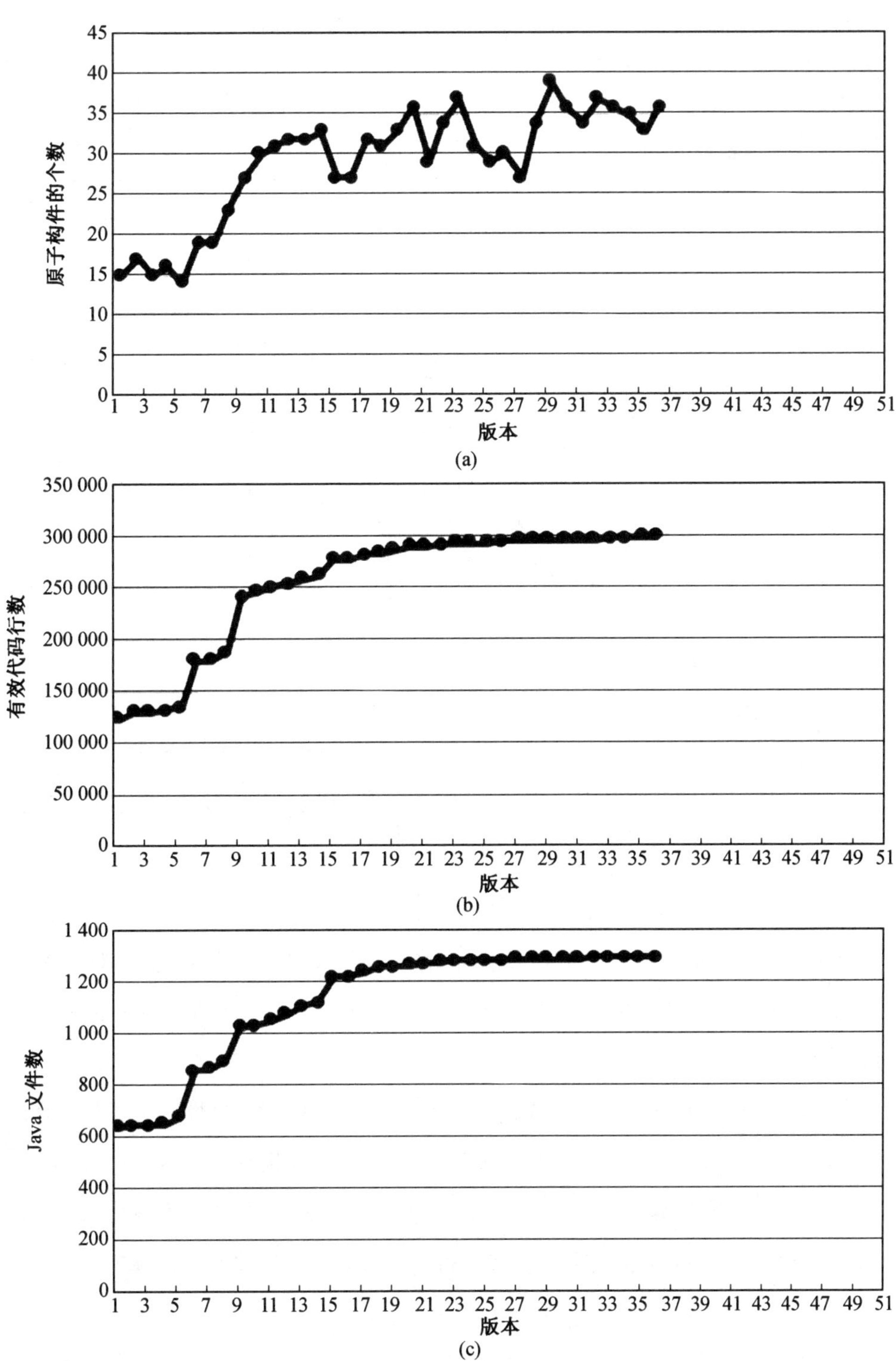

图 7.12　HBase 系统属性变化图

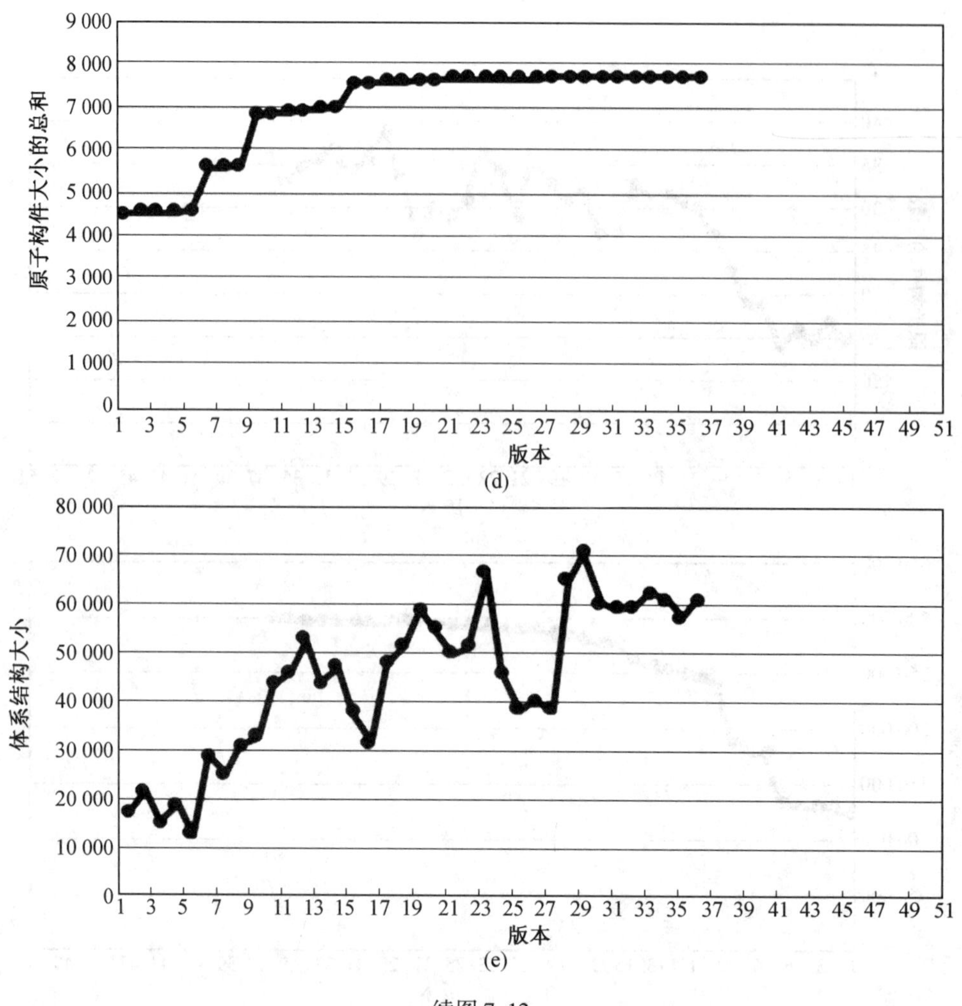

续图 7.12

本书将上述五个属性组成一个属性向量，将其作为软件的演化指标，并计算相邻两个版本之间属性向量的相似度，将其作为预测指标。HBase 相邻版本属性向量相似度如图 7.13 所示。

本书将利用前 15 个版本对比的数据来预测之后的数据，根据属性向量的相似度的取值将演化趋势划分为四个状态，分别为状态1(0.999 5 ~ 1)、状态2(0.999 0 ~ 0.999 5)、状态3(0.998 ~ 0.999) 和状态4(0 ~ 0.998)。本书将第 30 个版本视为该马尔可夫链的初始向量为 $\boldsymbol{P}^{\mathrm{T}}(0) = (1,0,0,0)$，根据公式求得其对应的一步转移概率矩阵为

$$\boldsymbol{P} = \begin{bmatrix} 0.3333 & 0.3333 & 0.3333 & 0 \\ 1 & 0 & 0 & 0 \\ 0.5 & 0 & 0 & 0.5 \\ 1 & 0 & 0 & 0 \end{bmatrix}$$

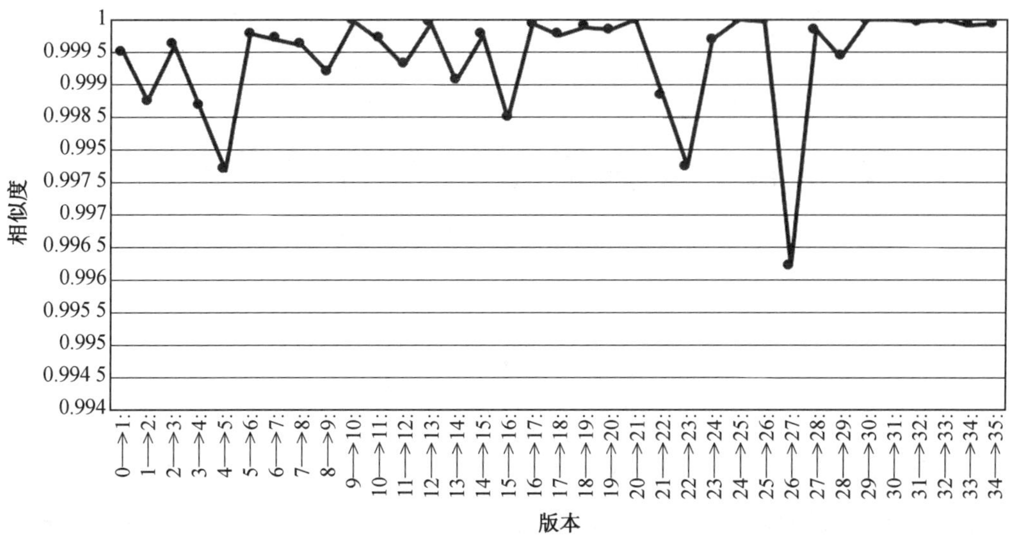

图 7.13　HBase 相邻版本属性向量相似度

HBase 演化趋势预测图如图 7.14 所示。

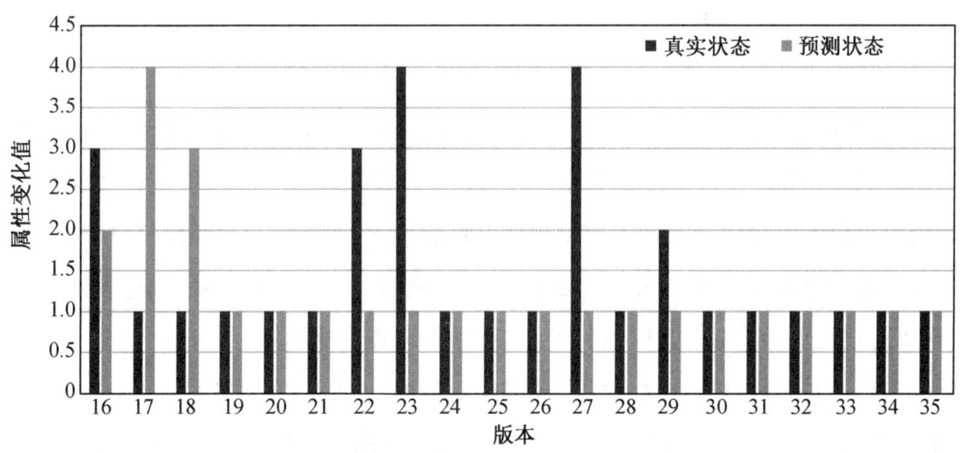

图 7.14　HBase 演化趋势预测图

由图 7.14 可知，预测成功次数为 13 次，失败次数为 7 次，准确率为 65%。由此可见，马尔可夫链对于软件演化趋势预测的成功率是较高的。

第8章　基于多维属性演化树的软件演化风格匹配

8.1　概　　述

随着社会信息化程度越来越高，软件的功能也越来越强大。但随着软件功能的不断增加，软件也变得更加复杂，参与开发的人员也在不断增加，导致软件产品对软件开发人员的依赖性逐渐增大，软件项目过程改进难度增大，如何实现过程改进的最佳效益已成为亟待解决的问题。为解决这个急迫的问题，研究人员和机构已经花费了大量精力和时间进行研究。例如，软件能力成熟度集成模型（Capability Maturity Model Integration，CMMI）是一种用于评价软件企业的开发过程能力并且帮助其改善软件质量的方法，于1994年由美国国防部与卡内基梅隆大学下的软件工程研究中心及美国国防工业协会共同开发和研制。CMMI一共分为五个等级，即完成级、管理级、定义级、量化管理级和优化级。每个等级包含的过程域共同形成了软件过程能力，企业能够充分利用信息资料，对企业在项目实施的过程中可能出现的次品予以预防，能够主动地改善流程，改进软件过程能力，使现有的过程更加高效，解决软件项目过程难度增加的问题。

软件演化信息是软件变化过程中存储或蕴含的有用信息，在对软件演化的研究过程中，本书发现同一类型软件在演化过程成中存在特定的软件演化风格，找出并使用同类软件的软件演化风格有利于开发人员借鉴同类型软件的开发经验，充分利用这些有用的信息优化同类软件的演化过程，提高软件企业的过程能力。

为找出同类软件的软件演化风格，本书以软件演化树和软件系统的属性信息为研究对象，提出了基于多维属性演化树的软件演化风格匹配方法。

8.2　相关研究

软件复用能够有效地提高软件企业的过程能力，一般包括软件产品的复用和过程复用。

对于软件产品的复用，有许多学者进行了深入研究。孙昌爱提出了一种基于服务组装的可复用、可定制的软件即服罪(Software-as-a-Service,SaaS) 软件开发方法,针对不同租户的共性需求提供一个抽象服务组装模型,根据租户的个性化需求派生不同的流程实例,优化开发过程并降低软件成本。吴昌钱提出了围绕复用构件的通用性、可复用能力,建立可复用的应用程序生成器以提高开发效率和软件质量。赵俊峰等提出了一种支持领域特性的 Web 服务组装方法,在进行系统开发时,充分考虑领域特性可以有效地利用领域工程所得到的制品,提高系统的开发效率。

对于过程复用,其内容涉及过程建模、过程实施、过程度量、过程评价和过程优化,当前过程复用主要是基于模型的方法。徐如志提出了一种基于复用的软件过程改进方法,该方法以可复用的软件过程为基础, 以过程资产库为中心,基于项目过程的不断优化调整构成,使得软件开发过程能根据软件开发机构自身特点按照一定标准进行,有效地提高软件过程的可控性和项目的成功率。Griss 和张伟对特征模型的元模型进行了扩展,极大地丰富了特征模型中的元素种类,提升了特征模型的描述能力。Botterweck 和 Chaves 则基于上述基本思想实现了手机软件产品的自动导出,通过软件过程,建模的方法优化软件过程提高软件生产效率。Loeliger 和 McCullough 提出了安卓应用界面和业务逻辑的结构模型,以统一的方式描述安卓应用的界面元素、业务逻辑及二者的关联关系,通过建立软件过程模型设计相应的工具提高安卓应用的开发效率。李广强提出了一种基于控件和可扩展标记语言(Extensible Markup Language,XML) 配置技术的可定制的软件开发方案,通过运行时的 XML 数据提取、分析、控件及其控制代码的扩展,实现软件的定制,降低软件的开发难度,适应不断变化的用户需求。但上述过程复用的研究中对优化软件演化过程的研究较少,软件演化历史及其在演化历史中软件固有属性变化趋势的研究明显不足。

本书提出了一种基于多维属性演化树的软件过程演化风格的查询方法,通过找出同类型软件的特有演化风格帮助企业优化软件演化过程,提高软件企业的过程能力。

8.3　演化风格定义及相似性度量

8.3.1　软件演化风格定义

本书将软件演化风格定义为特定领域内的一组软件演化过程的共性。软件演化风格表现为领域内的一组软件演化过程在结构上的相似性,其定义如下。

定义 1　软件演化过程 T 体现为软件的变化历史,可以表示为一棵演化树。树中不同节点表示软件的不同版本,节点的标识为软件的版本号,树节点的分支表示一次变化。

定义 2　软件演化风格 T - Style 也可以表示为一棵演化树,对于一组软件的演化过程 T_1、T_2、T_3,软件演化风格 T - Style 是 T_1、T_2、T_3 中结构相似的子树,表示一组软件有着相似的演化过程,代表了一组软件演化过程的共性。

8.3.2　带属性集合的软件演化树

软件系统的演化历史可以用演化树表示，本书获取 GitHub 上开源软件的多个版本，通过逆向得到软件系统的各个版本的属性，其属性包括原子构件个数、原子构件大小、软件体系结构变化度量、有效代码行数等属性信息。每个版本作为节点并按照版本号的先后顺序组成软件演化树,节点的标识为 GitHub 中的版本号,每个节点上带有逆向,称之为的属性得到多维属性的软件演化树。

8.3.3　相似度度量

在软件演化树进行节点对应时,本书需要对不同演化树的节点做一个相似度度量。这里的相似度度量比较的是两个版本之间属性数组之间的相似度。本书中软件版本属性数组包括原子构件个数、原子构件大小、软件体系结构、有效代码行数、类文件数五个属性。文献[18] 中选择余弦公式来度量两个版本间的相似度,计算公式如下:

$$\mathrm{Sim}(\boldsymbol{S}_1,\boldsymbol{S}_2)=\frac{\sum_{i=1}^{n}a_i\times b_i}{\sqrt{\sum_{i=1}^{n}a_i^2\times\sum_{i=1}^{n}b_i^2}}$$

式中,$\boldsymbol{S}_1$、$\boldsymbol{S}_2$ 表示版本 1 和版本 2 的属性向量,两个构件版本间的相似度的值的区间为 $(0,1]$。相似度的值越接近 1,代表这两个版本越相似;相似度越接近 0,则表示这两个版本相似程度越低。

8.4　软件演化风格匹配方法

软件演化风格匹配方法是通过树匹配的方式找出不同软件之间具有相同结构的演化树子树,即特定的软件演化风格。首先要确定不同演化树的节点对应关系并选择树匹配模型,然后验证节点对应关系后的演化树与匹配对象的演化树结构是否与一致。

8.4.1　树匹配模型建模

王渊峰提出了五种树匹配模型,即子树匹配(Ms)、区域匹配(Mr)、包容匹配(Me) 和强约束包容匹配(Mse) 和弱约束包容匹配(Mle)。每种匹配模式都有不同的匹配精度,其匹配精度按由大到小的排列顺序是子树匹配(Ms)、区域匹配(Mr)、强约束的包容匹配(Mse)、弱约束的包容匹配(Mle) 和包容匹配(Me)。在树匹配模型的节点上带有原子构件的个数、原子构件大小的总和、体系结构大小、有效代码行数及类文件数五维属性。

8.4.2　演化树节点关系对应

基于多维属性演化树的软件演化风格匹配是用树匹配的方式找出两个演化树结构相同的一组演化树。两个不同软件取连续版本得到软件演化树并让演化树中所有节点关联上相应版本的五维属性,将一个软件演化树中的所有节点与另外一个软件演化树中的所有节点进行相似性计算,通过相似性的大小可以得到一个软件演化树中的节点与另一个软件演化树中节点相似度最高的节点,这两个不同演化树的节点组成节点对。判断节点对中的节点是否为有效等价节点则需要设置一个相似度阈值作为标准,当相似度超过设定的阈值时则视为节点对中的两个节点是有效等价节点。阈值的设定会影响匹配的精度,阈值设定得越高,则匹配得到的结果越准确,但匹配成功的概率就越小,匹配的成本就越高。因此,本书设定如果该节点对的相似度大于 80% 则视为有效的等价节点。图 8.1 所示为演化树示例,假设 Tree*Q* 为需要匹配的演化树,Tree*T* 为测试数据集中的演化树,首先需要将演化树 Tree*Q* 中的节点与 Tree*T* 中的每一个节点进行相似度计算,其计算结果见表 8.1。

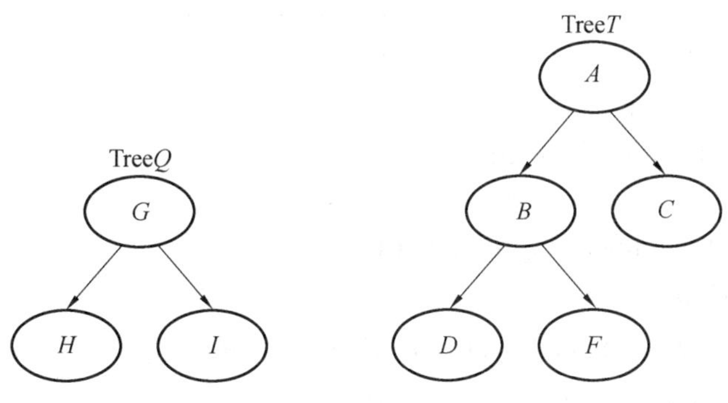

图 8.1　演化树示例

表 8.1　节点相似度计算结果

节点	*A*	*B*	*C*	*D*	*F*
G	0.982 1	0.942 3	0.912 3	0.723 12	0.813 4
H	0.324 1	0.931 2	0.823 4	0.882 34	0.963 1
I	0.812 3	0.873 1	0.903 1	0.931 24	0.643 1

分析表数据可知,节点 *G* 的有效等价节点有 4 个,分别是节点 *A*、*B*、*C* 和 *F*,节点 *D* 与节点 *G* 相似度小于设定的阈值,所以为无效等价节点,在有效等价的 4 个节点中,节点 *G* 与节点 *A* 相似度最高,所以节点 *G* 与节点 *A* 为最佳等价节点。同理,节点 *H* 有 4 个有效等价节点,最佳等效节点为节点 *F*;节点 *I* 有 4 个有效等价节点,最佳等效节点为节点 *D*。节点

对应之后的 Tree$Q$ 可等价地看成图 8.2 中的 TreeQ_B 所表示的演化树。

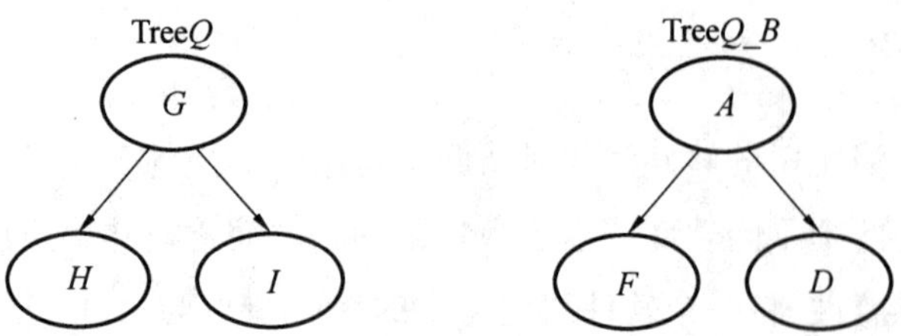

图 8.2　节点对应之后的演化树

8.4.3　软件演化树匹配算法

根据上述树匹配建模和建立的树节点对应关系,对两棵演化树进行匹配,使用遗传算法和树匹配算法相结合,改善因节点增加而导致匹配速度变慢的情况。算法伪代码如下所示,输入为待匹配的演化过程 Q 和历史演化过程 T,输出为符合匹配模型的演化过程 $G_{Q\to T}$。

输入:$Q=(V,E,\mathrm{root}(Q)),T=(W,F,\mathrm{root}(T))$。

输出:$G_{Q\to T}(\mathrm{Emi})$。

```
Count = 0;
fitness =+ ∞ ;
intial population from Q;
Do while
  Select a subSet X_sub of population
  Do while
    Select a subSet T_sub of from T∏_{qi∈X_sub} M(qi);
    If Validate (Q_sub → T_sub, Mi) Then
      min cost = min(minCost, G_{Q→T}(Emi)))
      if(fitness > cost) {fitness = min cost}
      Else{population. remove (X_sub)
    End If
  End While(Try out all possible T_sub)
  Crossover()
  Mutation()
  Update population
  if(fitness does not change)
  Count ++
  End If
End While (Count < 50)
```

上述算法使用遗传算法优化了子树枚举和匹配的过程,以本书定义树匹配得到的编辑代价作为适应度,通过减少匹配的次数减少因树节点增加而对匹配时间的影响,使得匹配算法能在较短的时间内完成较大规模节点的树的匹配。

首先,本书从 Tree$Q$ 中得到一个包含一些子树的子树集作为遗传算法的初始种群,并设置适应度的初始值,然后用初始种群的中的子树与 Tree$T$ 枚举的子树进行匹配,符合区域匹配模型的子树则进一步计算匹配代价。将计算的匹配代价与设置的适应度进行比较,如果适应度大于匹配代价,则将此子树从子树集中删除;如果适应度小于匹配代价,则将适应度更新为当前的匹配代价,匹配的子树保留在子树集中。然后循环进行交叉变异选择操作,当适应度(Fitness) 在 50 次循环中都不再变化时,将满足停机条件。

8.5　工具支持

为支持多维属性软件演化树的软件演化风格匹配,本书开发了相应的支持工具,系统主要分为六个模块,分别是前端演化过程信息输入模块、演化树节点相似度度量模块、演化树编码模块、子树枚举模块、演化树匹配模块和前端展示模块。软件演化树匹配系统结构如图 8.3 所示。

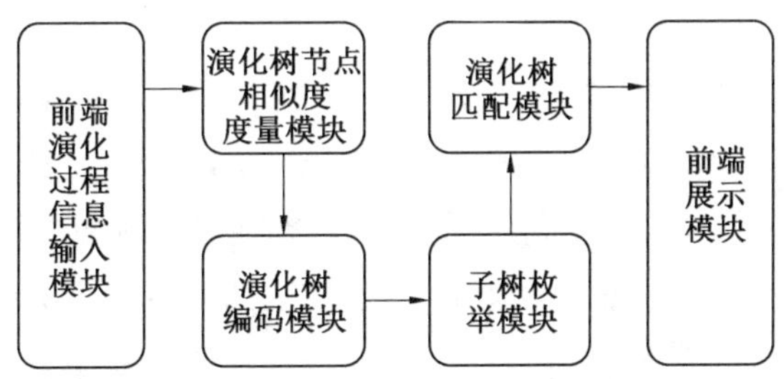

图 8.3　软件演化树匹配系统结构

(1) 前端演化过程信息输入模块。

前端演化过程信息输入模块为用户提供待匹配演化过程信息的输入功能,用户将待匹配演化过程按照版本的先后顺序以版本号的形式组成字符串,然后将待匹配软件的演化过程信息的字符串还原为演化树,并将逆向得到的五维属性关联到相应节点上,得到多维属性的软件演化树并提供给其他模块使用。

(2) 演化树节点相似度度量模块。

演化树节点相似度度量模块通过比较当前软件演化树和已有的演化树中节点的相似度,找出当前软件的演化树中节点与已有演化树节点之间的实际对应关系。

(3) 演化树编码模块。

演化树编码模块使用二进制的方式将还原的演化树进行编码,为后续遗传算法匹配做准备。

(4) 子树枚举模块。

子树枚举模块的主要功能是对演化树的子树进行枚举,产生待分析软件演化树的初始子树集作为使用遗传算法时的初始种群。由于待分析软件演化树经过演化树编码模块处理后,其表示方式为二进制,因此子树集中的子树表示方式与待分析软件演化树编码后的表现方式一致,为二进制。

(5) 演化树匹配模块。

演化树匹配模块是基于遗传算法的演化树匹配的核心模块,包括两个子模块:树匹配模块和相似度比较模块。本书利用之前枚举得到的子树集作为初始种群,将匹配代价定义为适应度,利用遗传算法对种群进行个体评价、选择运算、交叉运算及变异运算操作,选择出的匹配代价最小的一组子树集即最优解。

(6) 前端展示模块。

前端展示模块将符合匹配规则的子树按照查询时输入的字符串形式,将子树转化为字符串信息输出到前台界面进行展示。

8.6 实 验

本节将展示使用以上方法进行的实验。本书选取了六个开源系统的源代码作为实验数据。其中,cassandra 选取 78 个版本、HBase 选取 36 个版本、Hadoop 选取 52 个版本、ZooKeeper 选取 23 个版本、hive 选取 30 个版本、OpenJPA 选取 6 个版本。本书将 cassandra、HBase、Hadoop、ZooKeeper、hive 这五个系统的演化树信息作为测试数据集,把 OpenJPA 的演化树作为测试对象,系统版本号是 GitHub 中的版本号,通过与测试数据集的比较得到与 OpenJPA 演化树分别在五种匹配模式下相匹配的演化子树并对其结果进行分析。

本书首先通过六个系统的源代码进行逆向分析获得系统每个版本的原子构件的个数、原子构件大小的总和、体系结构大小、有效代码行数及类文件数。然后在 GitHub 中得到该软件的软件演化树,其节点的编号为 GitHub 中设定的版本号,并将节点关联上逆向得到的五维属性。

得到六棵多维属性软件演化树后,本书使用 8.5 节介绍的带属性集合的软件演化树匹配原型系统进行树匹配分析,使用原型工具分别进行子树匹配(Ms)、区域匹配(Mr)、强约束的包容匹配(Mse)、弱约束的包容匹配(Mle) 和包容匹配(Me) 五种匹配模式下的匹配并得到演化树匹配的结果,演化树匹配结果,见表 8.2。

分析可知,所得查找结果个数最多的匹配模式为包容匹配(Me),最少的匹配模式为子树匹配(Ms)。但通过对五种匹配得到子树进行分析可知,子树匹配(Ms) 得到的演化子树的版本个数的匹配精度是最高的,包容匹配(Me) 得到的结果精度是最低的。五种匹配模式下匹配样本演化树与匹配所得演化树节点个数比结果如图 8.4 所示，在五种匹配模式的软件演化树匹配中，子树匹配(Ms) → 区域匹配(Mr) → 强约束的包容匹配(Mse) → 弱约束的包容匹配(Mle) → 包容匹配(Me) 在版本个数的匹配精度逐渐增高，匹配成功的概率则逐步降低。

表 8.2　演化树匹配结果

系统	Ms	Mr	Mse	Mle	Me
cassandra	13	27	45	47	72
HBase	8	19	29	29	56
Hadoop	11	22	31	32	60
ZooKeeper	4	12	19	21	37
hive	4	15	22	25	31

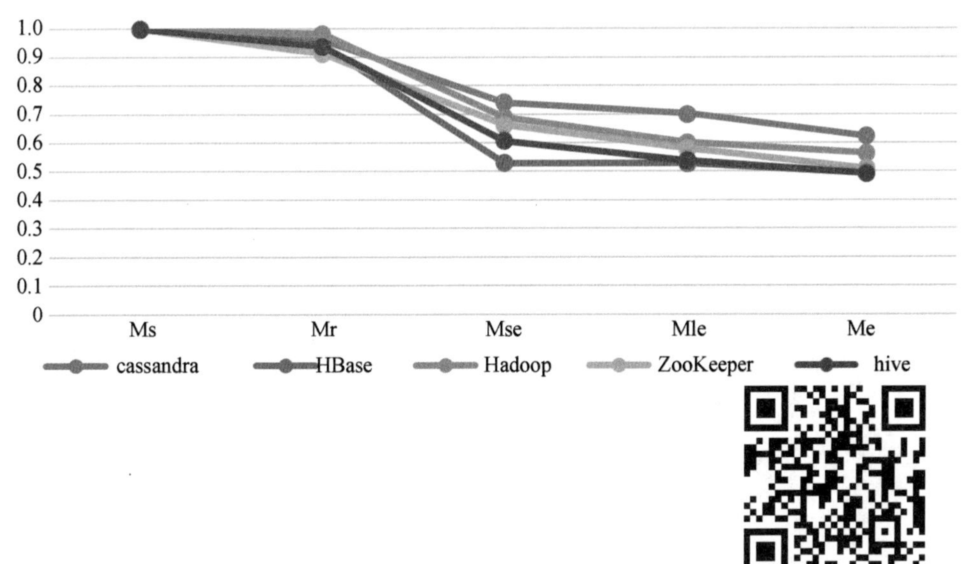

图 8.4　五种匹配模式下匹配样本演化树与匹配所得演化树节点个数比结果(彩图见二维码)

通过对五种匹配得到子树所代表的软件版本进行逆向，得到其演化树所有节点的五维属性结果并进行分析，其中子树匹配模式下匹配得到的软件演化子树代表的版本个数和属性变化趋势与需要匹配的演化树完全一致。

8.7　本章小结

软件演化树对软件演化的历史进行了刻画，通过软件演化树找出其特定类型软件的软件演化风格有利于软件开发经验复用，利用这些有用的信息优化同类软件的演化过程，提高软件企业的过程能力。为达到上述目的，本书提出了基于多维属性演化树的软件演化匹配方法,以六个开源系统作为实验对象,从软件每个版本的原子构件的个数、原子构件大小的总和、体系结构大小、有效代码行数及类文件数这五个属性的变化角度进行分析。实验结果表明,通过上述方法可以在不同精度要求下找出相匹配的软件演化树子树,为寻找特定类型软件的软件演化风格提供有效的方法,为提高软件企业的过程能力提供有利条件。

第9章　总结和展望

9.1　总　　结

随着信息技术的不断发展,计算机软件的发展也呈井喷之势。生产、生活的各行业都离不开计算机软件,人们对计算机软件的需求也日益增长,越来越多的软件依据人们的需求被开发出来而投入使用。而每个成熟的软件都有着许多的版本,需经过不断地修改来适应用户的需求,将这个过程称为软件演化的过程。随着软件行业的发展,构件化软件的开发被提了出来,构件化软件演化的过程可以简单地视为是软件构件的增加、删除与修改。本书是作者早期专著《构件化软件开发中演化信息的获取和应用研究》的延续,该专著着重从软件工程的正向工程角度,在构件化软件开发的背景下,分析了构件化软件演化的特点和相关问题,探讨了如何获取构件化软件的演化信息,如何应用这些演化信息指导构件化软件的开发及管理和控制构件化软件演化的支撑系统框架,提出了一个支持演化的软件构件模型及其相应的扩充构件描述语言、基于本体的构件化软件演化获取方法和度量方法、一种演化信息驱动的体系结构重构方法、一种挖掘实例化模式、辅助制作基于框架代码的原子构件的技术,设计了构件化软件演化支撑系统框架,并实现了原型系统。

本书针对现有存储在软件配置管理工具中许多软件只存有软件的源代码文件等信息而并未存储其组成构件的信息,使得软件演化研究人员无法从其中直接得到软件组成构件的演化情况,从软件工程的逆向工程的角度着重解决遗留软件系统的演化历史的恢复、理解和度量问题。基于此,本书提出了一种基于体系结构逆向的方法,根据系统的源代码信息恢复出其组成构件的演化历史及其系统与构件之间的版本关系。本书主要工作如下。

(1) 提出了软件演化二叉树的概念。软件演化的历史往往是可以形成一个演化树的形态,针对现有的软件演化树的演化分支众多、无法快速分辨主次演化分支的情况,本书对现有的软件演化树进行了改进,将其转换为一棵软件演化二叉树,将软件演化二叉树的左分支作为软件的主演化分支,其右分支作为其次演化分支。

(2) 分别度量了软件及其组成构件的各项属性,包括软件系统的五维属性(原子构件的个数、原子构件大小的总和、体系结构大小、有效代码行数及类文件数)及构件的三维属性(构件中类的个数、类文件的个数及类文件大小总和)。特别地,本书围绕软件体系结构的变化性度量,提出了一种基于属性图和图编辑距离的软件体系结构变化性度量方法。

(3) 提出了软件演化二叉树的构造算法,利用本书所提出的软件演化二叉树构造算法可恢复出软件系统及其组成构件的演化二叉树,并恢复出了软件及其组成构件之间的版本关联关系,即恢复出了软件中的组成构件的版本号,使得软件演化管理人员可直观地了解到软件中各原子构件的演化情况。

(4) 结合四个开源软件系统对软件演化二叉树的构造进行了分析,分析影响软件演化二叉树的最佳因素。设计了两组实验,分别在不同相似度阈值与不同属性组合下生成软件演化二叉树的实验分析。

(5) 设计并开发了软件演化历史恢复工具。根据本书提出的基于体系结构逆向的软件演化历史恢复方法,设计并实现了软件演化历史恢复工具,作为软件演化历史恢复分析实验的实验平台。

9.2 展　望

虽然使用本书的方法可以恢复出软件及其组成构件的演化历史并以一棵演化二叉树的形态表示,但是由于本书提出的软件演化二叉树的构造算法是基于属性来构造的,因此软件及其构件属性的选择就显得极为重要。本书后续的工作将会从以下几个方面来完善。

(1) 由于在构造软件演化二叉树时,不同的属性组合生成的演化二叉树也是不同的,因此在后续的研究中将会增加更多的构件属性以供选择,找到最能代表一个软件及构件的属性来构造对应的演化二叉树。

(2) 目前的演化二叉树恢复影响因素分析中只有相似度阈值及属性的影响,后续工作可针对性地改进演化二叉树的构造算法,以更加全面细致地分析演化二叉树的恢复。

(3) 本书仅利用树编辑距离来刻画恢复出的演化二叉树与真实的演化二叉树之间的相似度,对于结果的分析可能存在不全面的问题,在后续的工作中将会增加其他的方法来刻画恢复出的演化二叉树结果的真实性。

(3) 目前的软件演化历史恢复工具只适用于对开源 Java 软件的分析,后续的工作可将其扩展到更多的语言中,如 Python、C ++ 和 PHP 等。

(4) 目前的软件演化历史恢复工具的结果展示图表还不够多元化,后续的工作将进一步加强对结果的可视化。

参考文献

[1] LEHMAN M M. Programs, life cycles, and laws of software evolution[J]. Proceedings of the IEEE, 1980, 68(9): 1060-1076.

[2] LEHMAN M M, BELADY L A. Program evolution: processes of software change[M]. San Diego, CA: Academic Press Professional, Inc., 1985.

[3] 钟林辉, 谢冰, 邵维忠. 青鸟软件配置管理系统 JBCM 及相关工具[J]. 计算机工程, 2000(11): 82-84.

[4] 曹化工, 朱顺炎, 秦友淑. 软件配置管理系统 HSCMS[J]. 计算机工程与应用, 1997(7): 53-57.

[5] VESPERMAN J. Essential CVS: version control and source code management[M]. Sevastopol: O'Reilly Media, Inc., 2006.

[6] NAGEL W. Subversion version control: using the subversion version control system in development projects[M]. Upper Saddle River: Prentice Hall PTR, 2005.

[7] LOELIGER J, MCCULLOUGH M. Version control with git: powerful tools and techniques for collaborative software development[M]. Sevastopol: O'Reilly Media, Inc., 2012.

[8] MAJUMDAR R, JAIN R, BARTHWAL S, et al. Source code management using version control system [C]. 2017 6th International Conference on Reliability, Infocom Technologies and Optimization (Trends and Future Directions)(ICRITO), IEEE, 2017: 278-281.

[9] EYL M, REICHMANN C, MÜLLER-GLASER K. Traceability in a fine grained software configuration management system [C]. International Conference on Software Quality, Cham, Switzerland: Springer, 2017: 15-29.

[10] ESTUBLIER J, CASALLAS R. The adele configuration manager[J]. Configuration Management, 1994, 2: 99-134.

[11] TRYGGESETH E, GULLA B, CONRADI R. Modelling systems with variability using the proteus configuration language[M]. Berlin, Heidelberg: Springer, 1995: 216-240.

[12] ZHONG L, XIE B, SHAO W Z. Supporting component-based software development by extending the CDL with software configuration information [J]. Journal of Computer

Research and Development, 2002, 39(10): 1361-1365.

[13] ZHONG L, XIA J, HUANG X. The framework and its implementation for managing component-based software evolution [C]. 2016 3rd International Conference on Information Science and Control Engineering (ICISCE), IEEE, 2016: 711-715.

[14] MOKNI A, HUCHARD M, URTADO C, et al. An evolution management model for multi-level component-based software ar-chitectures[C]. 27th International Conference on Software Engineering and Knowledge Engineering, 2015: 674-679.

[15] MOKNI A, URTADO C, VAUTTIER S, et al. A formal approach for managing component-based architecture evolution[J]. Science of Computer Programming, 2016, 127: 24-49.

[16] THOMAS S W, ADAMS B, HASSAN A E, et al. Studying software evolution using topic models[J]. Science of Computer Programming, 2014, 80: 457-479.

[17] FALLERI J R, MORANDAT F, BLANC X, et al. Fine-grained and accurate source code differencing[C]. Proceedings of the 29th ACM/IEEE International Conference on Automated Software Engineering, ACM, 2014: 313-324.

[18] LI Y. Managing software evolution through semantic history slicing[C]. Proceedings of the 32nd IEEE/ACM International Conference on Automated Software Engineering, IEEE, 2017: 1014-1017.

[19] WEN W, CHEN J, YUAN J, et al. Evolution slicing-based change impact analysis[C]. 2017 IEEE Third International Conference on Big Data Computing Service and Applications (BigDataService), IEEE, 2017: 293-298.

[20] SERVANT F, JONES J A. History slicing: assisting code-evolution tasks [C]. Proceedings of the ACM SIGSOFT 20th International Symposium on the Foundations of Software Engineering, ACM, 2012: 43.

[21] SERVANT F, JONES J A. Chronos: visualizing slices of source-code history[C]. 2013 First IEEE Working Conference on Software Visualization (VISSOFT), IEEE, 2013: 1-4.

[22] SERVANT F, JONES J A. Fuzzy fine-grained code-history analysis[C]. 2017 IEEE/ACM 39th International Conference on Software Engineering (ICSE), IEEE, 2017: 746-757.

[23] AGHAJANI E, MOCCI A, BAVOTA G, et al. The code time machine[C]. Proceedings of the 25th International Conference on Program Comprehension, IEEE, 2017: 356-359.

[24] SCHNEIDER T, TYMCHUK Y, SALGADO R, et al. CuboidMatrix: exploring dynamic structural connections in software components using space-time cube[C]. 2016 IEEE Working Conference on Software Visualization, IEEE, 2016: 116-125.

[25] NAM D, LEE Y K, MEDVIDOVIC N. EVA: a tool for visualizing software architectural evolution [C]. Proceedings of the 40th International Conference on Software Engineering: Companion Proceeedings, ACM, 2018: 53-56.

[26] DAMBROS M, LANZA M. Visual software evolution reconstruction[J]. Journal of Software Maintenance and Evolution: Research and Practice, 2009, 21(3): 217-232.

[27] WETTEL R, LANZA M. Visual exploration of large-scale system evolution[C]. 2008 15th Working Conference on Reverse Engineering, IEEE, 2008: 219-228.

[28] COLLBERG C, KOBOUROV S, NAGRA J, et al. A system for graph-based visualization of the evolution of software[C]. Proceedings of the 2003 ACM symposium on Software visualization, ACM, 2003: 77.

[29] BEHNAMGHADER P, LE D M, GARCIA J, et al. A large-scale study of architectural evolution in open-source software systems[J]. Empirical Software Engineering, 2017, 22(3): 1146-1193.

[30] SHAHBAZIAN A, LEE Y K, LE D, et al. Recovering architectural design decisions [C]. 2018 IEEE International Conference on Software Architecture (ICSA), IEEE, 2018.

[31] NGUYEN H A, NGUYEN A T, NGUYEN T T, et al. A study of repetitiveness of code changes in software evolution[C]. Proceedings of the 28th IEEE/ACM International Conference on Automated Software Engineering. IEEE Press, 2013: 180-190.

[32] HATTORI L, LUNGU M, LANZA M, et al. Software evolution comprehension: Replay to the rescue[C]. 2011 IEEE 19th International Conference on Program Comprehension (ICPC), IEEE, 2011: 161-170.

[33] HATA H, MIZUNO O, KIKUNO T. Historage: fine-grained version control system for java[C]. Proceedings of the 12th International Workshop on Principles of Software Evolution and the 7th annual ERCIM Workshop on Software Evolution, ACM, 2011: 96-100.

[34] AHMADON M A B, YAMAGUCHI S, GUPTA B B. A Petri-net based approach for software evolution [C]. 2016 7th International Conference on Information and Communication Systems (ICICS), IEEE, 2016: 264-269.

[35] JIANG Q, PENG X, WANG H, et al. Summarizing evolution trajectory by grouping and

aggregating relevant code changes[C]. 2015 IEEE 22nd International Conference on Software Analysis, Evolution and Reengineering (SANER), IEEE, 2015: 361-370.

[36] TRINDADE R P F, ORFANO S T, FERREIRA K A M, et al. The dance of classes: a stochastic model for software structure evolution[C]. Proceedings of the 8th Workshop on Emerging Trends in Software Metrics, IEEE, 2017.

[37] LI B, LIAO L, SI J. A technique to evaluate software evolution based on architecture metric [C]. 2016 IEEE 14th International Conference on Software Engineering Research, Management and Applications (SERA), IEEE, 2016: 1-8.

[38] MITCHELL, BRIAN S, MANCORIDIS S. On the automatic modularization of software systems using the bunch tool[C]. IEEE Transactions on Software Engineering, 2006, 32 (3): 193-208.

[39] WU J W, AHMED E, RICHARD C, et al. Comparison of clustering algorithms in the context of software evolution[C]. 21st IEEE International Conference on Software Maintenance, IEEE, 2005.

[40] NIJENHUIS A, WILF H S. Combinatorial Algorithms[M]. 2nd ed. Francis: Academic Press, 1978.

[41] CLARK J, DOLADO J, HARMAN M, et al. Reformulating software engineering as a search problem[J]. Software,2003,150(3): 161-175.

[42] TZERPOS V, HOLT R C. Accd: an algorithm for comprehension-driven clustering[C]. In Proceedings Seventh Working Conference on Reverse Engineering,2000: 258-267.

[43] TZERPOS V, HOLT R C. The orphan adoption problem in architecture maintenance [J]. In Proceedings of the Fourth Working Conference on Reverse Engineering,1999 (10): 76-82.

[44] HEINEMAN G T, COUNCILL W T. Component-based software engineering-putting the pieces together[M]. Upper Saddle River:Addison-Westley, 2001.

[45] BUNKE H, ALLERMANN G. Inexact graph matching for structural pattern recognition [J]. Pattern Recognition Letters, 1983, 1(4): 245-253.

[46] SANFELIU A, FU K S. A distance measure between attributed relational graphs for pattern recognition[J]. IEEE Transactions on Systems, Man, and Cybernetics, 1983, 13(3): 353-362.

[47] RIESEN K, NEUHAUS M, BUNKE H. Bipartite graph matching for computing the edit distance of graphs [J]. Graph-based Representations in Pattern Recognition, 2007, 4538: 1-12.

[48] RIESEN K, BUNKE H. Approximate graph edit distance computation by means of bipartite graph matching[J]. Image and Vision Computing, 2009, 27(7): 950-959.

[49] ZHANG K, SHASHA D. Simple fast algorithms for the editing distance between trees and related problems[J]. SIAM Journal on Computing, 1989, 18(6): 1245-1262.

后　记

软件工程是一个令人着迷的研究领域，其中存在各种各样的待解决问题。从软件的需求、设计、编码和测试，到软件演化和维护等，每个阶段都充满了需要深入解决的问题，每个阶段所取得进步不仅能促进软件质量的改善和提高，而且能降低软件开发的代价。本书作者有幸在1999年踏入计算机软件领域，在20多年的学术研究中，通过与各位专家、导师和同仁的探讨和学习，对软件（特别是构件化软件）的演化和维护进行了深入的研究，对其中某些尚待解决的问题进行了深入的探索，得到了一些初步的研究成果。这些研究成果不一定能完全解决软件工程中的问题，究其原因，一方面是本书作者水平有限，问题的解决不一定很圆满；另一方面正如杨芙清院士所说的"软件的本质特征是软件的构造性和演化性"，随着各种环境的变化，总是会出现新的问题，而新问题的出现势必会导致原来的解决方案出现各种瑕疵。但是，本书作者依然希望本书所述的研究过程和研究结果能给同仁一些启发，促进软件演化和维护领域问题的进一步解决。

本书得以成书和出版，要感谢江西师范大学计算机学院各位同仁的大力支持和帮助，还要感谢与我共同学习的弟子们，他们是徐锦、张能伟、宗洪雁、侯长源、朱小征、李俊杰、黄小明、夏鲸、薛良波、叶海涛、齐杰、莫俊杰、扶丽娟、阮书鹤、祝艳霞等，没有他们辛勤的研究和努力的实验，本书也无法成形。

学术的研究是无止境的，在研究的道路上，领航者和巨人十分重要。本书作者有幸得到了这些领航者的教诲，在学海中航行不会失去方向；站在这些巨人的肩膀上，能远眺前方美丽的学术风景。在此，我要感觉这些领航者和巨人，他们是我的硕士导师——江西师范大学高性能计算重点实验室薛锦云教授、我的博士导师——北京大学信息科学技术学院邵维忠教授、谢冰教授（常务副院长，国家杰出青年科学基金获得者）、我在澳大利亚访问学习时的导师——维多利亚大学何静教授，以及我的师兄——北京大学信息科学技术学院张路教授（国家杰出青年科学基金获得者）。

最后，我要感谢我的母亲一辈子辛苦的劳作和养育，以及所有关心、支持、帮助和培养我的善良的人们。